台灣的
100種
鄉鎮味道

四季秘景 × 小村風光 × 當令好食 　　　許傑 著

釀成最動人的在地真情味　　暢銷修訂版

作者自序

永遠都在旅圖中，傳唱著在地人的故事

我是許傑，一個嚮往自由自在生活的水瓶座男生。
或許是從小在雲林的小村落裡長大，生活環境的質樸，
讓我對村落外更寬闊的世界有了憧憬。
曾幾何時，旅行成為我生活的一部分，每天睜開眼，
我的腦海中就浮現了一段旅行的藍圖。

原本溫吞、害羞的個性，在每一段旅行途中，
我遇見了更多與別人不同的故事。
從他們的故事中我成長了許多，也因為喜歡聽故事，
更把旅行中遇見的大小故事都收集了起來，
把別人的故事組成了自己的故事，想讓更多人知道這些故事。

現在的我，喜歡自己去冒險旅行，越遠的地方越要挑戰，
想做什麼、做就對了。
朋友總虧我，每天打開臉書，我就瞬間出現在台灣某個遙遠角落；
而我媽總說，我像是撿回來的兒子，要出現在家裡吃一頓晚餐好是難得。

這是我第一本《原來有這站》的延續章節。
台灣是一座小島，它的春夏秋冬雖然不比國外來的分明，
但氣候總是這樣宜人，讓每個季節依然傾瀉出不同的獨特香氣。
旅行就像是打開了一包彩虹糖，
紅色是台灣的人情味、黃色是人文堅持的甘苦味、
粉色季節流動的花香、藍色則是大海川流的潮水味。
台灣有 368 個鄉鎮市，在此打開這座島上每個城市封存在我記憶裡的味道。

特別感謝：
雅比斯國際創意策略股份有限公司 (劉書羽、呂冠瑩)
瘋台灣民宿網

許傑

推薦序

讓許傑豐富你人生故事的一頁

如果，有一本書，能夠讓你真正認識台灣的美景，和在地文化原有的
樣貌。

如果，有一個人，可以帶你深入台灣的每一個鄉鎮，讓你不再只是一
個旁觀者；而是參與了在地生活，豐富了你自己人生故事的一頁。

那就讓許傑這本《台灣的一百種鄉鎮味道》帶你去經歷台灣的春夏秋
冬，和每一個角落裡的人情吧。

田定豐

種子音樂、豐文創創辦人 攝影作家

讓許傑帶你看見不同面貌的台灣

一直以來都很喜歡許傑拍攝的照片，一幅幅美麗的景緻彷彿就在眼前
真實的呈現，行動力很強的他，似乎無法抑制心中那股旅人的靈魂基
因，常在粉絲團看見他昨天在南台灣，今天又到北台灣，而再隔一天，
又出現在美麗的離島上。

用他的腳步，帶著大家走遍一年四季的台灣；用他的角度，帶著大家
看遍春夏秋冬的美景。無論是高山峻嶺，或是城鄉人文，甚至離島風
光，他都能用讓人身歷其境的文字來加以陳述，從字裡行間也可以體
會到他對於這片土地的熱愛。

春爸常常會在下午時分打開許傑的 FB 粉絲團看看，跟著他的攝影作
品，想像著自己暫時飛出工作室到達照片裡那美好的地方。

許傑上一本著作《原來有這站》帶著大家沿著鐵道穿越鐵軌看見許多
大家呼嘯而過卻不曾留意的美好風景，這次他將帶著大家沿著一年四
季的軌跡，穿越山海城鄉，看見不同面貌的台灣。

阿春爸

旅遊作家

記得抬頭看看這塊土地的美麗

忙碌的生活，總是把您我壓的喘不過氣，甚至讓我們忘記快樂。
我相信無論是多麼樂觀的人，在人生中一定會有低潮的時候，
當我感到壓力或是沮喪時，總是透過通信軟體收到一張張美麗的海景，
「送你最愛的大海！」訊息的那頭是許傑。

我所服務的脊髓損傷基金會，
主要是幫助脊髓損傷傷友生活自理以及職業訓練的民間機構，
這群朋友分別因為各種意外造成半身或是全身癱瘓，
而我們的使命就是讓這些癱瘓的朋友能夠在人生路上重新站起來。

我想要帶這群傷友去看看臺灣的美景，一起去探尋無障礙！
如果傷友們能夠看見這些美麗的風景，一定會讓他們找回人生的勇氣！
有一天，許傑興奮的跟我提出這樣的想法。
很感動的是，我們雖然在不同領域努力著，卻都沒有忘記愛。

您是否是讓自己沉浸在忙碌的工作裡，忘了看看這塊土地的美麗？
您是否是羨慕著旅人的生活，卻忘了他們花費多長的時間記錄著短短的篇章？
您是否是因為生活的壓力或沮喪，卻讓自己忘記愛？

影像，代表著攝影師的眼界；文字，代表著作者的心靈。
在許傑的第二本書中，
我看見的是許傑的蛻變，眼界更加開闊而心靈更是成長。

旅行，是為了找尋內心的自我，甚或是幫助別人找回自己。
照片，紀錄的是我們對這塊土地的愛。
當您我被自己禁錮時，或許這本書能夠讓您找到旅行的意義。

原來有一群人默默的堅持著您我不曾留意的工作，延續著寶島臺灣的故事。
原來一段短暫而陌生的交錯，能夠創造更多的文化交流。
原來透過許傑掌握的鏡頭傳遞的不僅僅是風景，而是愛。

「我相信，喜歡是一種很簡單、很直接的感覺。」
感謝旅人許傑，透過您的影像與字裡行間，讓我們看見愛。

簡宏偉
前脊髓損傷基金會行銷長

透過許傑的攝影眼，聽他說台灣的故事

我真的很喜歡許傑。

幾年前參與一項部落客見面的分享會，主辦的朋友介紹許傑給我認識，坦白說，因為旅遊部落客真的很多，即使我平常都盡量關注，也未必能全部都知道。那一次，也是我初次真正看到許傑本人和作品。

首先讓我震驚的是他的年輕，其次令我驚豔的是他的攝影；以及，當許多部落客都把目光放在分享海外旅行見聞的時候，他卻從十八歲就發願要「用照片說台灣的故事」，而且身體力行，造訪了超過三百個以上的台灣鄉鎮，留下了無數精彩的影像。其實光是有這份心意，就很令人感動了；而他不僅是去過、拍過，而且還拍得好，充滿了超齡的成熟詩意。

那次之後我成了許傑的粉絲，在臉書上跟著他展開第一次的日本自助旅行，當時我心裡就喊著，嘿，去吧，走出台灣，用你觀看這個島嶼美景與良人的眼光，去發掘更大的世界，必然能為我們找到更棒的風景。而許傑當然沒有令粉絲和讀者們失望，隔一陣子造訪他的網站，發現他的足跡已經去過日本許多大小城市，也去了中國的名山勝境。當然，他關注最多的，還是島嶼台灣。

這一次，許傑選擇用一年四季的方式，來呈現這個他已經走透透的故鄉；包含了攝影、旅行，以及他特有的感性文字。我收到書稿的時候，再度為其內容的豐富而讚嘆：有這麼認真的年輕作者，自己怎麼能不更努力地、用不同年齡的感受來紀錄書寫旅行的記憶！

許傑是一個值得關注的旅遊紀錄者與寫作者，請和我一起支持他的熱情以及未來發展。

工頭堅
旅飯 PanTravel 執行長

具有深度文化意涵的行腳小說

比較起歐洲或是日韓等高緯度國家的四季分明，處於亞熱帶的台灣，雖然在氣溫變化上不明顯，除了幾波寒流來臨時刻，否則幾乎感受不到有極大的變化。但因為台灣的地勢變化很大、面積小，雖處於亞熱帶，卻能充分感到熱帶到寒帶所帶來的景色變化。

今天你可以在澎湖望安，坐在舒服的沙灘上望向無盡的大海，享受著仙人掌冰的鹹甜滋味，明天就可以到合歡山公路上奔馳，讓高聳的針葉松林伴你前行。

而文化的融合，讓你很容易這一刻吃著道地的日本料理，下一刻在酒吧中喝著長島冰茶，討論著等等雲林西螺福興宮的新年第一柱頭香願望。

這本書中，將台灣的景色、文化與心情，用四季來區分，在微小的四季差異中，有著筆觸描寫出的深刻差異，這已經不只是本旅遊導覽，更是有著深度文化意涵的行腳小說。

許傑是在一卡皮箱聚會中認識的朋友，在未見面前就聽聞他正在探訪全台灣的各個漁港，並寫下它們的故事。當時總覺得他一定是位相當資深的媒體人，才會有如此愛台灣的志向，但見面後才發現他是位非常年輕的朋友，當時應該還是位學生，其反差感讓我對許傑的熱誠與志向更為感佩。

買下這本書的朋友，恭喜你，因為除了對於不熟悉的景點與文化，可多個深度旅遊的目標外，對於已經熟悉的景色，你更有再度造訪的藉口。

還沒買這本書的朋友，不妨在書店翻閱試讀，你一定可以找到將這本書帶回家收藏的理由。

Kisplay
點子生活 SayDigi 總編輯

透過許傑的照片，找到你夢想的方向

結識許傑的照片於我人生不是太如意，剛開始接觸部落格沒多久的時候。他的照片有他自己的構圖氛圍，他的文字有他獨到的溫度，看完他的作品通常第一個反應是「原來台灣有這麼美的地方」、又或者是「這個地方是我去過的嗎？」許傑就是有辦法把一個地方，用他自己的方式告訴大家，讓大家知道他有多愛這個地方、這份興趣、這份工作。

認識許傑這個人在我人生慢慢找到方向時，意外發現他原來這麼年輕，更佩服他如此年紀就能找到自己想做的事，進而身體力行的去做。在幾次一起旅行暢談的過程中，我更發現他有許多想法、許多理想、甚至正在做的事，都是台灣人漸漸短少的、失去的。比方說尋找台灣的美、溫度、熱情、以及人與人之間的關心，哪怕只是簡單的舉起手、點個頭，什麼也不必說。特別是走進偏遠、大家很少去注意的地方，進而挖掘出更多屬於他自己的台灣故事。他說他想透過自己的鏡頭、筆觸讓更多人知道台灣其實很美好，不管是人、事物，聽完我汗顏，以足以當他爸的年紀。

環島一直是很多人的心願，只是方式有所不同，在他照片、文字的影響下我也開始了自己的環島之旅，也和他相約要一起跑一段鐵道環島，卻因為他太忙、走得太快而湊不到時間。但我一直靜靜透過著他東奔西跑的照片、文字知道他過得很好，同時也貪婪的希望能在他的照片中找到更多往前的動力。

繼《原來有這站》後，這次許傑以「四季」為主題，再次帶領大家領略台灣人、事、物的不同角度與感受。看完後除了驚喜之外多了一份感嘆，心中不斷問自己能跟上許傑的鏡頭嗎？得到的答案卻是「能」，只要闔上書的同時就能開始往自己的夢想邁出第一步。

如果你不知夢想為何物，也許透過許傑的書、許傑的文字、許傑想傳達的能找到答案。

小虎
知名美食部落客

第一章

春意蟄伏

3—6 月

《風雷雨水、共同朗誦一首春之歌》

蟄伏一年的春雷，鳴聲響起，春神帶著畫筆開始點綴著世界
春雨落下滋潤大地，櫻花宛如蝴蝶翩翩飛舞
荷葉下的群蛙鳴唱，大樹下的小芽緩緩甦醒
它發出的淡淡香氣，用心品味這嶄新的開始
我們都可以是彩繪世界美好的春神

 淡水無極天元宮
新北市淡水區北新路三段 36 號

 交通資訊
搭乘捷運「淡水信義線」(2 號紅線)
至《淡水站》2 號出口轉乘「賞櫻
接駁公車」即可抵達。（詳細活動
資訊依現場公告為主）

 順遊景點
淡水老街、淡水渡輪站、漁人碼
頭、紅毛城、一滴水博物館

新北市・淡水區
天元宮櫻花

各種叮嚀：

周邊道路在櫻花季時將進行管制，建議搭乘捷運淡水線至淡
水站或竹圍站，再轉乘櫻花季專屬接駁公車。也可選擇新推
出的小黃共乘制度，均收費 200 元（以現場實際價格為主），
對於不喜歡久候的朋友來說是個好選擇。

落櫻繽紛、桃色曖昧的味道

窗外的陽光穿過了落地窗，照射進房。暖暖的，又是一個美好的早晨。前一晚大雨剛刷洗過的天空，明窗框住的風景顯得特別蔚藍。原以為天氣會持續陰雨幾天，既然獲得了一個難得的好天氣，那就出發吧。

捷運淡水線上窗外風光明媚，遠方的觀音山還臥躺沉睡著；那蜿蜒的淡水河上幾條小舟擺盪；紅吱吱的關渡大橋畫上了一抹熱情。捷運上的沿途風景雖然看過千百回，但不同光影搭配不一樣的心情，就像是一杯咖啡一樣，雖苦澀，但回甘的層次總不盡相同。

隨著溫暖陽光的日子變多了，氣溫開始攀升，也象徵春天來了。山頭上幾棵耐不住性子的櫻花樹，已經搶先染了山頭的一角。山櫻花的季節剛過，無緣與豔麗的桃紅山櫻邂逅一番，但隨著春天已經過了一半，接力綻放的是「吉野櫻」；曾幾何時，賞櫻變成台灣春天必然朝聖的大事了。

離開了捷運淡水站，廣場上那駐唱歌聲依然繚繞，人潮本就絡繹不絕的捷運站外，適逢櫻花季，更是擠得水洩不通。一班接駁車又進站了，遊客抱持期待湧上車，瞬間把通往天元宮的接駁公車擠得熱鬧不已。公車駛過蜿蜒的山路，光景從熱鬧的城市大樓轉換到了幽靜的綠野山林，不一會的時間，天元宮到了。才剛下了公車，眼前片片花瓣飄過身邊，顧不得肚子呱呱的提醒著自己還沒吃午餐，便快步地往櫻花隧道前進，彷彿有股無形的魔力般，美景總讓人忘了肚子的溫飽。

陽光持續灑落，在前一晚雨水洗淨後如天空藍的澄澈，那一陣的涼風吹過，是春神又鬧了一下脾氣，把那吉野櫻的粉色花瓣搖落，伴隨著淡淡的花香撲鼻而來；飄落的花瓣如粉色的雪花，一陣感動油然而生。走在天元宮的步道中，兩旁的櫻花樹彎著腰歡迎著每個到訪的旅客。耳邊嗡嗡作響，是一隻隻勤勞的小蜜蜂在一朵又一朵綻放的櫻花瓣上跳躍著，趁著天氣正好趕著去做工。沿著滿地落瓣的粉紅步道前進，遠遠的，橘色的屋頂、層層堆疊的天元宮，那特殊的天壇造型搶走了我的目光，宮壇與周邊盛開的粉紅櫻花搭配，畫面相當特別，有種置身在古裝劇中的奇特感覺。坐在櫻花樹下，享受著這春日難得的美好陽光，也提醒著自己要學著像櫻花一般，存好一切能量，蓄勢待發，勇敢怒放。

櫻花與櫻花之間可以聽見許多小蜜蜂嗡嗡嗡的忙碌工作著

背景故事

天元宮隨著櫻花林在網路打開了知名度，漸漸變成北台灣三月最重要的賞櫻地點。天元宮種植的為嬌嫩淡粉色的「吉野櫻」，與較艷麗的山櫻花品種不同，因此花季落在每年三月，比山櫻花來的晚些，有「櫻花尾巴」之稱。

交通資訊
由於活動現場有實施交通管制，若想拜訪平溪天燈節，可搭乘捷運「文湖線」至《木柵動物園》站或搭乘台鐵火車到《瑞芳站》後再轉乘「天燈會場接駁公車」，可避免上不了火車的窘境（詳細資訊依每年活動公告為主）

順遊景點
台鐵平溪線沿線景點：平溪老街、菁桐老街、十分老街、十分瀑布、侯硐貓村

新北市‧平溪區
平溪天燈節

煤油燃燒、伴著希望升空的味道

每年元宵節，台灣各地都會舉辦慶祝盛會，而「北天燈、南蜂炮」已經是元宵前後最重要的兩大盛事了。僅剩的春假有限，又看膩了一成不變的燈會，索性有了想去平溪看天燈的想法。

以前讀的學校靠近海，所以學生時期常走跳基隆北海岸地區，因此平溪對我來說倒不陌生，時常只要有空，就和同學成群一起到平溪踏青，但這卻是我頭一次在元宵節跑來平溪看天燈。列車才剛進入瑞芳車站，眼前的人潮可說是要擠爆了整個小小的月台，是我第一次看到這麼擁擠的瑞芳車站。接著一班開往菁桐的小火車進站，小小的車廂馬上擠得滿滿的，把大家一起載往了天燈的故鄉「平溪」。

在電影《那些年，我們一起追的女孩》中，男女主角一起在十分車站放了天燈，那感動的畫面透過電影的播放傳到全世界，因而帶動了平溪天燈的名氣。其實早在前些年，美國電視新聞網 CNN 就把平溪天燈節評選為全世界最值得參與的 52 件新鮮事之一，而 Discovery 頻道更評平溪天燈節為「世界第二大節慶嘉年華」。因此，在小火車上，耳邊傳來的是不同國家的語言交談著，看出去有各種膚色的外國人，儘管身處的車廂擁擠克難，卻帶著滿心期待的微笑。

火車緩緩駛入了終點站菁桐車站，把滿車的遊客卸下後又折返離開，眼看天色也逐漸昏暗，我帶著相機隨人潮緩緩前進，便到了這次的天燈施放場所「菁桐國小」。

天色持續擦黑，剛踏進菁桐國小施放天燈的民眾已經就定位了，隨著主持人一聲令下，一盞盞天燈冉冉而上，來不及架設好腳架的我，眼前動人的畫面使我愣住了。看著萬盞天燈冉冉升空，點綴了幽暗的夜空，彷彿黑夜中的光明希望一般，把未來的未來都送上了天際，不虛此行。

背景故事

平溪在早期為極偏僻的山村，因平溪鐵路及煤礦的開發因而發達。
早期山區盜匪猖狂，在盜匪離去後，居民會點起天燈以報平安。

每逢元宵節前後，平溪天燈節總在平溪線車站沿途盛大舉辦活動

隨著天燈冉冉升空，希望一年的希望都能夠實現

望古瀑布－飛瀑之下的螢火蟲微光旅程

新北市有許多賞螢聖地,從三峽、土城、石碇到坪林都有螢火蟲出沒,其中我最喜歡的則是平溪。白天,你可以搭著平溪小火車各站停靠,沿途拜訪平溪景點旅遊,傍晚時分再到螢火蟲出沒的地點等候,期待這一片片閃著微光的浪漫。

而平溪沿線賞螢火蟲最經典、也是近年很受到歡迎的景點就是「望古瀑布」。每年四月至五月是台灣螢火蟲登場的季節,平溪的望古瀑布更是深受攝影圈歡迎的螢火蟲拍攝聖地。當螢火蟲季節到來,白天是網紅網美們打卡戲水熱點的望古瀑布,入夜後好像換了一個場景,溪畔、瀑布邊總是擠滿了卡位的攝影師,希望能夠透過自己的相機,捕捉下這黑夜中最浪漫的星點。

 交通資訊
可從基隆車站、台北市政府轉運站
搭乘往「金山方向」的國光客運在
《野柳站》下車，步行即可抵達活
動會場（詳細資訊依每年活動公告
為主）

順遊景點
野柳地質公園、野柳海洋世界、龜
吼漁港、翡翠灣

新北市・萬里區
野柳神明淨港文化季

各種叮嚀：

野柳神明淨港文化祭於每年元宵節早上舉辦一整天，活動詳
情可以留意「新北市政府」活動資訊或「萬里區公所」架設
的官方活動網站（詳細資訊依每年活動公告為主）。

跳水淨港、汗水與海水鹹鹹的味道

清晨七點，我搭著客運沿著海岸邊前進，黃色的礁岩、蔚藍的大海，冬天難得出現的暖陽填滿了海岸的每一塊色彩，好美。我依循著指標走，陽光持續灑落在野柳漁港上，那海水發出的湛藍美得好不切實際，一陣冷風吹來，提醒自己冬天還未走遠。

人潮聚集的越來越多，喧囂與熱鬧也跟著沸騰。遠遠的聽見了舞台上活動的聲音，鞭炮聲不絕於耳，台上主持人也聲嘶力竭炒熱了現場氣氛，元宵節的野柳，好不熱鬧。

每年元宵節是台灣新春以來最為熱鬧的一個節日，除了知名的「北天燈、南蜂炮」之外，野柳的「神明淨港文化祭」更是傳承許久不容錯過的熱鬧慶典。成群的陣頭在街道上起舞著，精神抖擻的搖晃著神轎，把文化的整個精神都搖了出來。「淨海巡洋船準備出海巡洋囉！」突然服務台響起一陣廣播，牽引著大家到了港口邊，而我當然也不能錯過這個能登上「漁船」的機會，索性就現場報名，穿上了亮橘色的救生衣，跟著漁船一起出海了。

漁船上插滿了象徵神明庇佑的旗幟，緩緩駛離了野柳漁港，在外海繞行了幾圈，以祈求一年出海的平安、豐收與順利。回到港口後，活動的另一個重頭戲來了。許多信徒分組抬著神轎在岸邊等候著指令，一個瞬間大家撲通地跳進港口內，激起了雪白的水花。看得我膽戰心驚卻又充滿崇拜，畢竟要這樣抬著神轎跳入港口，可是需要一定體力和勇氣的。

淨港結束後，人潮跟著神轎的腳步，步入了野柳停車場一旁，地上擺放著一整排燒得火紅的炭火，心裡想著：這些信徒該不會要從炭火上跑過去吧？一眼瞬間，第一組抬著神轎的信徒就這樣赤腳迅速的從炭火上衝刺了過去，原來這是野柳淨港文化祭的第二波儀式「過火」。過火是使用不會燙的「冷火」，而跑過去時也有工作人員在一旁撒著厚厚的粗鹽，主要是用來降低炭火的溫度用的，看似很危險，但文化信仰所帶給人的勇氣卻是無限的。

跳水淨港傳承了將近百年，跳下海、衝過火，這是人類用自己對於自然與環境的虧欠與期待所演化出來的特殊活動，我相信只要野柳人身上的熱血與虔誠還在，這活動就會一直持續發光發熱。

背景故事

野柳的神明淨港由來主要是相傳 100 多年前野柳附近海域不平靜，
當地保安宮的開漳聖王透過乩童告知要親自下海淨港，進而衍生出
「神民淨港抬轎」的特殊文化。

淨港時節可以看見許多漁船上掛滿了祈福象徵的海幟，大多寫著們收滿載帆風順等等希望

淨港活動整場活動最有趣的就是看陣頭們帶著神明一起跳海，畫面相當有趣

象徵淨港的跳海活動結束後陣頭會繞行野柳街道至廣場，現場喧囂連連，很是熱鬧

淨港文化季這天特別開放民眾體驗搭乘漁船出海巡航，這是難得有的體驗，有時間的朋友不妨把握住機會

西北漁場－萬里蟹肥美的味道

萬里為螃蟹的故鄉，緊鄰海邊有個最大的漁場－「西北漁場」。一段放餌、放籠子、收籠、綁蟹的過程都需要花上十幾個小時，捕蟹的漁民一天總是睡不上兩小時，每一隻都是萬里漁民辛苦捕捉而來的珍貴食材。漁夫們世代捕蟹技術的傳承，有許多捕蟹高手都聚集於萬里展露身手，讓萬里成為台灣螃蟹生產最為豐盛之地。在台灣吃的螃蟹有八成都來自於萬里區的漁夫之手，每年萬里都會舉辦「萬里螃蟹季」來慶祝大自然給萬里這秋季的恩惠，新北市更是把萬里的螃蟹成立了品牌，打出「萬里蟹」的稱號，呼籲台灣人「吃螃蟹，就要吃萬里蟹」！

吃萬里蟹要先了解螃蟹的種類與性質，有名的三點蟹（學名為紅星梭子蟹）及花蟹（鏽斑蟳）因不同烹調方式會發出不同的鮮味，萬里蟹的蟹膏與蟹黃相當濃郁，肉質細緻、鮮甜，來到萬里，千萬別錯過這肥美的秋蟹。

船長信心滿滿的介紹起自家捕撈的萬里蟹

新鮮現撈的螃蟹放在岸邊供饕客挑選

苗栗縣‧大湖鄉
好山水草莓園

 好山水草莓園
苗栗縣大湖鄉東興村 1 鄰小邦 5-5 號
0912- 397-293、037- 990263（賴少興先生）

 交通資訊
行走中山高速公路於「苗栗公館」下交流道，續
接台 72 線東西向快速道路，抵達汶水橋後右轉
台 3 線，往南至 133 公里南湖國小天橋處，接苗
55 線道，在「平和橋」處左轉，沿農苗大 25 號
產業道路行走 1 公里即抵達好山水草莓園

 順遊景點
野柳神明淨港文化祭

各種叮嚀：
草莓產季大湖酒莊為十一月至隔年四月，盛產極大值落在十二月至三月，產季中分為 4 至 5 個
花期，第 2 期與第 3 期的草莓品質是最好的。

好山好水、草莓碩大酸甜的味道

提起草莓，大家想起的一定是苗栗大湖鄉。在南風吹來的春天，草莓紛紛轉紅成熟，從台 3 線一路蜿蜒前進到了大湖山城。尚未進入市區，馬路兩旁矗立著一家家的草莓園。為什麼大湖會成為草莓的故鄉呢？我心中自問。對我來說，採草莓除了是要享受採果過程中「療癒」的感受之外，我更希望的是能夠有個遠離人群、接近自然的草莓園。直到我發現了這家隱藏在山林之中、更是遠離鬧區的「好山水草莓園」，才正式成行了前往大湖採草莓的計畫。

離開大湖市區，隨著車子駛進不知名的產業道路，一路爬升、蜿蜒，兩旁的竹林夾道歡迎，直到眼前的產業道路越來越小、越來越偏僻，讓人開始擔心是否走錯路的同時，遠遠的，好山水草莓園的招牌正在與我們招手著。

彷彿看見希望般，興奮的把車子停進了群山環抱的停車場。才剛拉下了車窗，潺潺的溪流水聲不絕於耳，一陣沁涼空氣吹撫而來，吸一口還挾帶著淡淡的草莓香，思緒瞬間清晰了起來。老闆娘看見我們的到來，遠遠的呼喊著我們：「剛泡好的花茶在這裡，趕緊進來喝喔。」一邊喝著花茶，一邊聽著老闆娘介紹與講解草莓的歷史，我們迫不及待的拿起了籃子和剪刀估摸著，暗示著老闆娘：好了！好了！我們等不及了。

好山水草莓園別於一般的草莓園，每日有限定入園人數，因此需要事前電話預約；且老闆娘在電話中會先問有多少人到訪，若是人太多老闆娘會直接回絕，主要是為了要維持園區內的果實品質與數量。因此，來到好山水草莓園，每個草莓在好山好水的孕育之下，所結的草莓果實都很碩大，口感酸中帶甜，草莓的香氣能在嘴巴中停留很久。

在這最純淨無污染的草莓園中採果，身邊沒有過多的遊客紛擾，很自在地讓人忘記了時間的流動，不知不覺就逗留到了傍晚。我們抱著滿滿豐收的草莓上了車，搖下了車窗與老闆娘道別，她笑著說：二月過後草莓才正式進入盛產季，期待能夠再與我們相見。於是我們告別了這片讓人難忘的淨土。嬌嫩艷紅的草莓築構起整個大湖鄉的觀光與經濟，而每一家草莓園也帶給每個遊客不同的回憶，成了春天最幸福的笑容。大湖鄉，草莓香。

背景故事

在早期，大湖所栽種的草莓大多是為了提供給義美製作草莓冰淇淋的原料，因為大湖的氣候與土壤種植出的草莓品質相當好，於是大湖的居民就廣泛種植草莓作為主要經濟來源。隨著草莓園越來越多，許多經過台 3 線的旅人看見有許多草莓園，紛紛要求農家是否可以通融開放體驗採果，久而久之大湖的草莓觀光產業隨之起飛，讓大湖貫徹了草莓之鄉的美名。

大湖酒莊－微醺草莓淡酒及火山爆發冰

才剛走到大湖酒莊門口，一股淡淡甜甜的香氣撲鼻而來，門口那一朵大大的油桐花怒放著，是大湖酒莊的特色地標。大湖酒莊位於省道台3線上，是許多遊客來到了大湖必去的景點之一。大湖酒莊結合了泰安鄉農會，是苗栗地區最大的農會。整個園區相當廣大，細分為酒莊、紀念品販售區、餐飲部與草莓文化館，酒莊的特色是生產、製造草莓酒，來到酒莊別錯過得過獎的草莓酒「湖莓戀」。草莓文化館總共有五層樓，第一層樓是販賣部，二樓是放映室、三樓則是草莓生態展示區、四樓是草莓料理餐廳，來到了五樓則是空中花園。站在空中花園可以眺望整個大湖寧靜的鄉野風景，吹撫而來的風都帶有淡淡的草莓香氣。而來到了三樓的草莓展示區，從草莓的分枝、開花、結果、產地、品種等等以圖文並茂的方式，做了相當詳盡的介紹。

大湖酒莊內的餐廳販售著火山爆發冰，超大份量的綜合水果冰等旅客來挑戰

大湖酒莊
苗栗縣大湖鄉富興村 9 鄰八寮灣 2-4 號

交通資訊
由苗栗火車站搭乘「新竹客運」往《大湖》或《卓蘭》的班車即可到達大湖

順遊景點
雪霸國家公園、清安豆腐街 (清水老街)、汶水老街、大克山森林遊樂區、勝興車站

各種叮嚀：

飲酒過量，有礙健康，未成年請勿飲酒

入口處有朵桐花象徵客家精神，除了草莓季之外，大湖也是賞桐花的好去處

 百菇莊
台中市新社區協成村協中街 2-1 號
04-25822665

 交通資訊
請於台中車站搭乘「豐原客運」270、271、
276、277 號公車或「仁友客運」31 號公車
至《中興嶺》再轉乘計程車

 順遊景點
新社古堡花園、心之芳庭、新社花海節

台中市・新社區
百菇莊採集

椴木滋養、甜蜜豐厚的菇香

喜歡冬天的台中，天氣總是比濕冷的台北暖和，藍天也比台北的透徹許多。春天來到新社，山櫻毫不留情的把新社山頭染得粉紅，道路兩旁種植的櫻花樹，隨風搖曳，花瓣片片飄落的美景讓人難忘。隨著網路及媒體的散播，新社已經成為台中賞櫻花的聖地。我們沿著協中街前進，道路兩排整齊規劃的招牌上，寫滿的盡是天下第一菇封號的商家，提醒著過路的旅人，別忘了提一袋「新社的驕傲」回家。新社最近以花海及櫻花林逐漸打響觀光名號，但許多人遺忘的是，新社早期是以種植香菇而聞名全台，譽有「香菇之鄉」的美名，而協中街更有「香菇街」的封號。

一個香菇造型的入口吸引了我們的目光，原來這裡是新社的觀光體驗工廠「百菇莊」，老是只能在課本上及電視美食節目裡知道香菇的好處及美味，生活中鮮少能有機會親眼目睹香菇的生長環境及採摘過程，而百菇莊提供了採香菇的樂活體驗，對來自於都市的我們相當具有吸引力，想要立馬前往一探究竟。

在我印象中，香菇有一種奇妙的味道，小時候是心目中的黑名單，只要看到香菇就一律挑掉或不吃。隨著長大，漸漸的口味改變，也能夠接受香菇這樣的奇特味道了。或許是想讓香菇在小朋友心目中留下美好的形象，百菇莊的入口繽紛泡泡飄舞著，以充滿童趣的香菇造型給過路的遊客留下第一印象。入園後，香菇造型的桌椅、五顏六色的彩繪，各種香菇美食料理飄香在園區內。百菇莊的老闆把傳統的香菇寮改造成觀光工廠，讓許多遊客能夠前來體驗摘香菇、認識香菇生長的過程，也分享了香菇對人體的好處。有別於一般傳統乏味的工寮，百菇莊內能看見許多小朋友樂在這樣童趣的環境裡，彷彿原本抗拒的香菇也變得美味可口。

香菇寮內的環境與想像中的大不同。微光灑落在幽暗的空間，濕潤的空氣稍顯悶熱，這一切都是要營造出最適合香菇生長的環境：乾淨、舒適。溫室裡，除了一般常見的香菇，秀珍菇、杏鮑菇也在一旁爭先恐後的展現活力，唯有珊瑚菇，秉持那優雅曼妙的身姿悄悄地探頭招手。

脫去厚重的外套，低頭探詢著地上數以萬計的太空包，憑著手感觸摸著朵朵可愛的香菇，菌摺若是觸感清晰，便是一朵成熟的好菇，這是第一次看到非餐桌上的香菇生長的樣子。

自己的香菇自己採，彎腰之間，學會了尊敬食材、認識食材，揮灑著汗水，豐收了一個竹簍，自己彎腰採的香菇就是比買來的特別許多。

入口處有朵大大的香菇牌樓

 大雅神林路麥田區
台中市大雅區神林路 231 巷（寶興宮）

 交通資訊
由於附近沒有直達的公車，建議開車或騎乘
機車前往麥田區，寶興宮旁可停車

 順遊景點
秋紅谷公園、逢甲夜市商圈、東海大學、東
海商圈、台中都會公園

各種叮嚀：

勿隨意丟置垃圾，麥農最大的困擾就是遊客
會為了取景走進私人未開放的麥田裡，這些
麥穗可是農夫辛苦的結晶，要走就走在田埂
上，也請別任意摘取作物。

台中市‧大雅區
神林路麥田

沙沙作響、大地沃土上的金色麥香

陽光灑下一片金黃，風溫柔的奔過麥田邊，那金黃的麥穗，隨風搖晃，是春神帶給大雅春天最美的浪漫。追隨著春神的腳步來到了台中市大雅，在台灣 319 個鄉鎮中，大雅並沒有讓人有特別的印象與明顯的特色人文，每當三月春暖花開之際，也是大雅開始綻放金黃光芒的季節，因為大雅擁有台灣本島最大面積的小麥、大麥及燕麥田。

把台北幽暗的雨雲拋在腦後，一路沿著高速公路從北南下，天空也逐漸蔚藍。從大雅交流道下平面道路，來到了神林路附近，眼前看出去的風景讓人有些許驚奇，那午後陽光灑落，路的兩旁皆是金黃麥浪。停妥車後，黃橙橙的麥田在午後的微風吹撫下發出沙沙的聲音，眼前的金黃麥田美的很不切實際。下了車，台中的陽光照得讓人心暖暖的，脫下了鞋子，赤腳走在田埂上，風帶來淡淡的草香。從背包拿出了相機，學著像電視紅茶廣告一般拍著朋友，隨手按下了幾張快門，金色麥田當作背景，怎麼拍都好看。

暖陽西下，時間被帶走，從正午逗留到了傍晚，麥田也因為光線的角度不同，呈現不同顏色的變化，透過手上的相機，捕捉最喜歡的一刻。

由大雅農會和金門酒廠契作，生產麥種交由金門種植，因此締造了大雅三月最美的畫面。「小麥文化節」也隨著網路資訊的發達、鄉鎮形象的締造，如同漣漪般擴散出名氣，一年比一年盛大有趣。吃過麵包、看過麵粉，不知道麥子長什麼樣；喝過燕麥，卻不知道燕麥怎麼生長。不妨三月來一趟大雅，與麥田締結最美麗的邂逅。

鄉鎮故事

台灣唯一有種植大片麥田的地區除了外島的金門，台灣本島屬大雅出產的小麥量最為大宗。

麥田分別有大麥、小麥、燕麥等等品種

台中市・北屯區
大坑四橋

大坑四橋
四橋位址分別位於台中市北屯區

藍天白雲橋為於軍福十三路祥順東路口
新桃花源橋位於太原路三段及長安路 248 巷口
清新橋位於軍福九路及祥順東路二段口
情人橋位於軍福十三路及祥順東路二段口

交通資訊
可於台中車站搭乘台中市公車 20 路至太原六
號橋站下車，步行即可抵達各橋

各種叮嚀：

因情人橋周邊為新開發的區域，屬住宅區而
人煙不多，建議攜伴而行較安全。

四座景觀橋、初嘗愛戀的心頭甜

東北季風剛吹起，雨水伴隨著冷風在夜裡吹得讓人打哆嗦，小情侶撐著雨傘走在閃爍繽紛的情人橋上，即便是身旁的霓虹燈再亮麗，愛情所撐起的小世界，緩慢、卻是剛好溫暖適意。

擦黑的夜，台中大坑地區四座景觀橋約定好一起閃耀，新開發的邊界地帶沒有太多擁擠的人潮與遊客，適合情侶心心相印遊走其中。四座不同主題與造景的特色景觀橋，分別以新桃花源橋、情人橋、清新橋、藍天白雲橋四個名稱相應，不論黑夜、白天都很適合一日隨意的散步。藍天白雲橋以藍色搭配白色的清新印象矗立於此，彷彿呼喚著台中的清新活力，天壇衍架型式，象徵著幽雅古典文化，富有華麗尊貴的感覺，也是這四座橋樑中最有韻味的一座橋，夜間燃起燈光更是迷人不已。

沿著河堤道路繼續前進，遇見了噴泉式肋骨樣貌造型矗立的清新橋，翠綠橋身宛如一株株發芽的小草，點起了特殊的燈光，更像是一隻展翅高飛的蝴蝶。象徵著青翠山林的意境，柔軟之間充滿鋼鐵的靈魂，是所有橋樑中鋼骨最密集特別的一座。

終點又繞回到了原點。雨後的情人橋，橋面上積水倒影透露出了情人橋隱藏著的小祕密，雖然名字取的俗氣，但卻是這幾座橋中最炫麗奪目的，七彩燈光交織的變化，營造出台中夜生活的愜意與樂活，在浪漫氣氛的醞釀之下，冬夜不復寒冷。

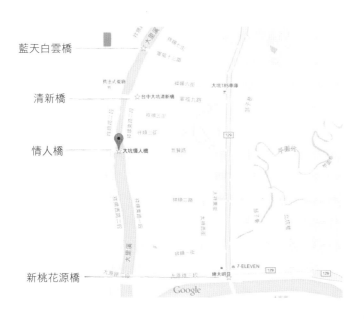

藍天白雲橋

像是小豆苗發芽的清新橋

情人橋隱藏的小祕密在用心觀察後才會發現

入夜後的情人橋會以燈光變換迎接旅人的到來

 柳家梅園
南投縣信義鄉陽和巷 87 號

 交通資訊
搭乘大眾運輸高鐵至台中轉臺鐵「集集線」經
二水至《水里車站》，接著搭乘「員林客運」
至《新鄉》下車步行即可抵達柳家梅園（每天
約三班車次）。住宿客人可在《農會酒莊》下
車，接著聯繫莊主即可
附註：賞梅季期間假日會交通單向管制

 順遊景點
信義梅子夢工廠、雲龍瀑布、坪瀨琉璃光橋

各種叮嚀：

梅花的花期約每年一月中旬左右，花期甚至會
受氣候而影響，每年各項賞梅花及相關活動資
訊可以上南投信義鄉公所查詢。

南投縣・信義鄉
柳家梅園

梅花盛開、空氣中的淡淡花香

一月上旬天氣持續寒冷，春神在南投灑下了第一場雪，把信義鄉的樹梢掛上一片雪白。「梅花梅花幾月開花？一月開不開？」小時候一段簡單的遊戲記憶又勾起了我賞花的興致，信義鄉是著名的梅子故鄉，而每當一月冷風與暖風相互拉扯之際，「柳家梅園」的梅花也悄悄綻放了。每年一月是梅花盛開的季節，壯觀程度不亞於櫻花的美，雪白的梅花紛飛更顯春天的透徹與純潔。而梅花的花期很短，通常一月中旬過後，梅花也逐漸凋零結果、冒新芽，如果又遇到大雨，花又會更加的快速凋零，因此要看到梅花盛開的全況，真的需要好運氣。

駛著車，從集集沿著中橫公路經過了水里，約 30 分鐘的車程後，信義鄉的指標劃過眼前。跟著蜿蜒的產業道路前進，柏油路窄的無法與對向來車擦身。隨著高度攀升，身旁的風景也逐漸拉抬，浩蕩的河谷，清晰的看見台灣的脊椎，信義的高山都好壯烈。

才過風櫃斗，道路兩旁滿開的梅花與山櫻花交錯盛開，粉紅色櫻花與純潔梅花交互紛飛，吸引了許多遊客駐足搶拍這片美景，空氣中飄有淡淡的花香氣息，是信義香。

陽光悄悄爬上了 45 度角，天空的雲朵緩緩飄著，車子的擋風玻璃上還沾有片片花瓣。駛進了梅園的停車場，還以為來到了日本的某個公園，許多旅人張開了餐巾墊，或席地而坐在梅花樹下野餐；梅樹的姿態優美，交盤編織出的隧道包覆著蔚藍天空，那光影深刻的烙印在地面上，一陣風颳起，翩翩梅花雪點綴了春天。

背景故事

信義鄉梅子栽培沿自日治時代，品質產量冠全臺，橫跨一百多年歷史。主要產梅區有牛稠坑、風櫃斗和烏松崙。其中賞梅花最有名的聖地「柳家梅園」位於牛稠坑，每年梅花盛開與梅子成熟時，就是信義鄉最熱鬧的時候。

當風吹起，陣陣梅花瓣飄落形成了如下雪般的夢幻景象

通往風櫃斗的路上可見南投壯闊的高山

 石門山停車場
過了合歡山不遠處即可抵達石門山停車場

 交通資訊
開車銜接「國道六號」往《埔里》，行駛至國道終點銜接「台14線」，沿著指標前進約一小時即可抵達《合歡山》

順遊景點
清境農場、奧萬大，沿著公路繼續前進可深入至梨山及太魯閣地區

各種叮嚀：

無月晴朗的日子都可以用肉眼清晰看到滿天的星空及流星，最佳時間為農曆二十八至初三之間。高山與平地氣溫有相當大的落差，建議多帶件外套、備足糧食後再上山會比較妥當些。

南投縣・仁愛鄉
多變合歡山

滿天璀璨、寒風中溫暖的人情味

攀越山頭的寒風呼嘯，道路兩旁高聳的針葉松林吹得不停搖晃著，深夜開著車行駛在漆黑的合歡山公路之上，車頭燈在山稜線上畫出一條蜿蜒的軌跡，隨著路燈與屋舍的退潮，星光是黑夜中最美麗的指引。把車駛進了石門山停車場，上頭的溫度計寫著 2 度。當瞳孔適應了黑暗，不用手電筒，地面上投映的星光就是如此明亮。我緩緩前進著，這是我第一次感受到原來星光是這麼明亮的。我來得晚，已有許多攝影前輩攻佔了一些視野不錯的角落。悠閒地找了一塊巨石落腳，一方面可以擋風，一方面也比較好靠著看這滿天璀璨的星空。

高山冷冽刺骨的寒風，吹得我顫抖不已，隔壁的攝影大哥看我冷得哆嗦，端了一碗他煮的薑母鴨給我。捧著熱呼呼的薑母鴨，心裡滿是感謝。攝影大哥說，他為了捕捉最美麗的星空，只要有空都會帶著太太遠從台中開車上合歡山，一旁的太太笑著補充說：原本以為退休後的生活會很乏味，沒想到先生愛上攝影之後，她也跟著看了不一樣的台灣。

這樣的鶼鰈情深，令我羨煞，而太太也因為深怕這樣拍攝星空的夜裡先生會餓著，所以帶了瓦斯和食材上山烹煮，一方面也分享給周邊的攝友，因而交了很多朋友。

因為一碗薑母鴨，拉近了我和大哥原本陌生的距離，大哥接著說：冬天的空氣較夏天乾燥，星空很亮，雖然很冷，但一切都很值得。

我又打了個噴嚏，一顆流星就這樣劃破眼前，我來不及許願，露出懊悔的表情。

大哥笑著說：流星，天氣晴朗時，每晚都可以看見，甚至看到不足以稀奇了！我抬頭仰望，住在城市的人們，究竟有多久沒看見天空上美麗的銀河了，我們的生活不斷地在追求改變，但那山頭上明亮的北極星，他不變，卻是群星永遠簇擁環繞的對象。

天氣晴朗又無月的情況下都很適合上山觀星

合歡初雪、熱血沸騰

「合歡山下雪了！」電視新聞重複播放著一樣的資訊，我們一家人卻如馬鈴薯般慵懶的窩在沙發上吹著暖氣。

「我們現在出門去賞雪吧！」許爸的一句話讓我們瞬間驚嚇而起。

「現在已經接近十一點了欸，會不會太衝？」理性的許媽拋出了這一段話想澆熄許爸的熱血。

「現在出門到合歡山剛好天亮，剛剛好喔！」

我心裡暗自竊喜，這樣的熱血鐵定是怎麼說嘴也澆不滅了，於是偷偷地回到房間，收起了相機和設備，揹起了包包回到客廳等待出門。果不其然，約十二點左右，我們家正式出發去合歡山賞雪了。離開閃爍的城市燈光，暗夜中我們在筆直的高速公路上一路南下，我不斷的刷著手機上網查詢賞雪及拍攝雪景的相關資訊，這是我第一次賞雪，就在這樣毫無準備的情況下，老爸一股熱情燃起，熬夜衝刺到合歡山。尚未抵達合歡山之前，先到達了管制站，天空外的景色依然漆黑，但星空如我們家的熱血一樣灼亮。每當雪季時，合歡山公路的路面因為結冰需要加掛雪鏈才能夠放行上山，管制站前大排長龍的車潮等候著放行，沿途也可看許多提供加掛雪鏈服務的店家，隨著越接近合歡山，店家喊的價碼也會越昂貴。

清晨，遠方天光乍現，一抹陽光緩緩的從山頭爬升了起來，耀眼的光芒彷彿快穿透了皮膚，此時管制站也放行車輛上山了。我們沿著公路緩緩前進，過了一個山頭，一棵又一棵的樹木堆積著白雪，在白天氣溫下，樹葉上的霜也開始溶解，滴答滴答的落下了小水珠，美的好不切實際。裝上雪鏈後車子行駛的相當緩慢，慢慢的開著、風景慢慢後退，再繞過了一個彎，是一整片白雪覆蓋山頭的景致。

第一次與雪的邂逅，晴朗的天空凝結了白雲，乾淨的山稜線在陽光照射下，反射的光芒是如此耀眼，彷彿身處在歐洲的風景明信片中，雖然陣陣冷風隨之吹來，但是心熱，就不怕冷。

各種叮嚀：

出發前先查詢天候及管制情況，提前上管制站排隊。車子記得在適當的時機加裝雪鏈，約入山加裝雪鏈的價格會越昂貴（租用的約台幣 1500 至 2500 之間），建議貨比三家或是自行購買雪鏈加裝。

請記得穿防風外套加厚大衣，預防風大與高山低溫；如果相機電池無法在低溫下使用，請放在懷裡溫熱一下電池即可放電使用。拍攝美景固然重要，但請小心滑倒。

合歡山公路－最美風景的蜿蜒清新味

開著車沿著台14線一路從平地攀升，它貫穿埔里小鎮後蜿蜒上山爬升到了霧社，過了幾個連續髮夾彎，眼前的視野越加遼闊，身旁的森林從茂密的闊葉林轉換成針葉林，森林不再密集，進而映入眼簾的是一大片覆蓋山巒的草原。

搖下了車窗，吹著沁涼清新的空氣，空氣中有著淡淡的森林香氣，讓思緒多了一分清晰。陽光灑落下，視線變得無限透明，逗留在天空的白雲彷彿好像也愛上了這裡的美景，一朵一朵的撞進了大山的懷抱，不肯離開。一邊行駛在台灣最美的高山公路之上，層層堆疊的山巒，藍天好透，一切都讓人著迷。

山上的天氣變化快，強勁的風勢越過了山頭，用強勁的力道推了白霧一把，方才蔚藍的天空，瞬間純白。遠方的森林被如潮水般湧現的山嵐覆蓋，形成一座座夢幻森林。迷霧、翠綠草原、綿延青山、高聳森林，眼前的風景如此純粹，不愧是台灣最美的高山公路，行駛在濃霧與陽光之中，充滿意外驚喜的旅行。

各種叮嚀：

台14線從彰化市出發、終點落在南投縣廬山，全長約一百公里，是進入埔里、日月潭的重要公路。其中通往合歡山抵達花蓮之台14甲線為「霧社支線」，整條公路最高處是海拔3275公尺的武嶺。因冬季常下雪，因此於翠峰以上路段於積雪時會進行交通管制，只有加掛雪鍊的車及四輪傳動車才可行駛，路旁的護欄漆成黃色，以在積雪時仍易於辨識。整條公路因為風景秀麗，譽有「台灣最美的高山公路」之名。

好雞婆土雞城－酸辣十足的擺夷之味

好雞婆土雞城光是字義上就讓人會心一笑，來到了土雞城，園區內用餐區域幾乎都是採獨立的空間，並以仿蒙古包的外觀造型去打造。第一次來到清境吃擺夷料理，必點的如：雞油拌麵、風味椒麻雞、泰式檸香海鮮沙律、香椿煎蛋、雲南燒肉、香草烤雞等等，它的主要特色是酸、辣，且運用大量香料如山椒、花椒等組成香辣勁味十足的料理，冷冷的天氣吃擺夷料理，心瞬間就暖暖的。由於博望新村內的居民大多為中國雲南擺夷族的後裔，也是台灣最多擺夷料理的聚集地。早期國軍在緬甸這場戰役中死傷慘重，後來退守台灣，同時也撤離緬甸那邊的游擊隊與極少數民族的眷屬。政府接收了軍民及擺夷族後將他們安置在清境地區，進而讓雲南擺夷料理在清境發揚光大，成為到清境地區必吃的美食料理。

 清境好雞婆土雞城

南投縣仁愛鄉大同村博望巷 36-3 號（博望新村台14甲 12.3k 入口內右手邊位置）

(049)-2803016（詳細營業時間歡迎致電洽詢）

營業時間
中午 11:00 ～ 14:00、晚間 17:00 ～ 22:00

 交通資訊
可於虎尾市區搭乘「台西客運」的「7111 虎尾 — 麥寮(經台西)」路線公車,於《北溪厝》下車步行至龍安宮即可抵達

 順遊景點
合同廳舍、雲林故事館、雲林布袋戲館、虎尾糖廠、虎尾鐵橋、虎尾厝沙龍

各種叮嚀:
北溪厝整條彩繪村並不長,建議可安排當作旅行中繼點。

雲林縣・虎尾鎮
北溪厝彩繪村

剪紙彩繪、專屬農村的道地年味

小時候在雲林的沿海村落長大，身分證上也印著屬於雲林人證明的英文字母 P，但老實說，我對於雲林倒是挺陌生的。隨著年紀長大離開了故鄉，只要有空就會回到老家走走，一年又一年下來，漸漸地，雲林的面貌有些改變了。幅員廣闊、身為台灣農業大縣的雲林，工作機會也多是農產相關，導致許多年輕人外流到其他縣市去工作，成為逐漸高齡化的縣市。但現在，雲林的年輕人開始返鄉務農，更用新的思維帶入農業、甚至是自己居住的村落。

車子駛過了熱鬧的虎尾市區，那街廓已經沒有印象中的那樣沉重老舊，合同廳舍、雲林故事館、雲林布袋戲館、虎尾驛、舊鐵橋都在重新整理過後發出新的光芒，變成虎尾市區新的旅行亮點。當車子離開了虎尾市區，那未來即將通車的虎尾高鐵站靜靜的矗立在那裏，一節節乘載著旅客的車廂即將替雲林注入新的活力。沿著高鐵車站旁的小路前進，我來到了「北溪厝社區」。

雲林有很多個農村經過彩繪之後，已經打開了知名度，但最具有特色的莫過於北溪厝的彩繪了。沿著牌樓進到村莊內，三合院前的廣場飄來陣陣蒜香，原來是幾個阿婆正在剝著蒜頭，那矮牆包不住阿公的開心農場，一株株白菜已經迫不及待的等著被採收。原本的紅磚牆漆上了白底，塗成以紅色為主軸的各式剪紙圖樣，從十二生肖、民間故事的人物到象徵年年有餘的鯉魚、金魚、把整個北溪厝社區點綴得相當活潑可愛、年味滿滿，充滿了喜氣與歡樂的感覺。剪紙是中國最古老的民間藝術之一，原本乏味老舊的社區，經過虎尾科技大學的藝術家及年輕人的改造，嶄新的小村故事在此展開。廟埕前廣場的那片牆是全社區彩繪面積最大的一片，它很華麗，但也巧妙的與村子裡的人生活緊密結合在一起。當我們凝望著這些充滿故事的彩繪牆，村民也欣喜看見這樣的景致，因為，村落好久沒有這麼熱鬧了。

雲林有許多農漁村在許多年輕人回流後，以嶄新的面貌跟各地的旅人見面，更把許多藝術的元素帶入了村落之內。自從舉辦農博之後，走入雲林的老聚落，它們依然帶著鄉村獨有的悠閒氣氛，但又更增添了一些文創氣息。

虎尾厝沙龍－老宅時光醞釀的書香

黑板上寫著粉筆字、紅磚牆包不住庭園裡的綠意，兼具和風與洋味的興亞式風格透露出獨有的魅力，它是虎尾厝沙龍。沙龍是法語 Salon 的音譯，原意指客廳。後來的沙龍，定義與起先稍微有些不同，只要是與藝術類有關、可讓人高談闊論、交換意見的地方，就可以稱為沙龍。在虎尾厝沙龍完全可以體現出這種氛圍。

虎尾厝沙龍融合了東方文化與現代主義的精神，採興亞式建築風格，館內老家具與華麗燈飾、吊燈揮灑著黃黃燈光，空間飄逸著檜木香氣，擋不住的那文學氣息從書櫃上不斷流瀉而出。館內大量的藏書多為生態、性別、文化等書籍，牆面上掛滿充滿理念的記錄影像，透露出虎尾厝的偏執個性。虎尾厝沙龍是書店與餐飲空間的綜合體，除了可以來此閱讀書籍之外，也有提供一些特色小餐點。延續日本時期的軌跡，老房重新燃起新生命，變成迎接遊客的虎尾厝沙龍，讓在地人可以徜徉在這樣的書香空間，醞釀不一樣文化氣息。

交通資訊
雲林縣虎尾鎮民權路 51 巷 3 號
05-631-3826

營業時間
11:00 ～ 23:00 週日：11:00 ～ 18:00（週一公休）

順遊景點
合同廳舍、雲林故事館、雲林布袋戲館、虎尾糖廠、虎尾鐵橋、虎尾厝沙龍

各種叮嚀：

虎尾厝沙龍不定期會舉辦特定書展，內部開放參觀，但如需攝影
請洽現場工作人員。

嘉義縣・梅山鄉

紫藤花開

 瑞里阿喜紫藤民宿
嘉義縣梅山鄉瑞里村 10-3 號
05-2501575 、0963-091039 （李小姐）

 交通資訊
可在「嘉義車站」搭乘嘉義縣公車往瑞里方向在
《瑞里站》下車

開車請下竹崎交流道銜接往瑞里方向的「瑞水
公路」即可抵達阿喜紫藤

 順遊景點
瑞里茶園、瑞里竹林

各種叮嚀：

阿喜的店原本是自家居住，後來在朋友鼓勵下，開始對外開放轉型
營業，但為了追求良好的環境空間，只接受預約的客人，這也是阿喜的店最美好的堅持。

紫藤花花期約 20 天，約每年二月底盛開至三月，每一棵紫藤的開花時間也不同，拜訪前記得先
來電詢問花況再上山，免得撲空。

沐浴在紫雨下、陣陣撲鼻的花香

自從去過一次瑞里，就和民宿老闆娘 Sunna 成了好朋友，時常看到她更新關於瑞里的風景資訊，好像自己不曾離開過瑞里一般。翌年三月，又到了春暖花開之際，我想起了 Sunna 當初說過三月是瑞里最漂亮的時候，於是立刻撥了電話給 Sunna，毫不猶豫的奔往嘉義車站。

和 Sunna 約在嘉義車站出發，開車上瑞里的車程約 1 小時左右，前往瑞里的途中，路上已經可以看見許多店家及民宿外所種植的紫藤花全然盛開，Sunna 笑著說：「瑞里第一棵紫藤花可是『阿喜』那邊種的！」Sunna 接著說今天要去的地方就是阿喜的家。誰是阿喜？當我還在思考的時候，已經抵達瑞里了。

停好車，入口處掛著阿喜紫藤的招牌，一股香氣撲鼻而來，原來這是紫藤花的香氣。看著 Sunna 好像回到自己家一樣自在逛著。

我表現出一臉狐疑的樣子說：「難道這是你家？」
「請問有預約嗎？很抱歉，我們不開放沒有預約的朋友參觀喔！」Sunna 還來不及回答我，就被突如其來的一句話打斷。
「阿姨你真愛開玩笑，我帶朋友來參觀了啦！」
「阿姨？原來阿喜紫藤是你阿姨開的唷？」突然有種恍然大悟的感覺。
「因為我阿姨喜歡紫色，覺得紫藤花很美，就在家裡種了第一棵紫藤花，後來紫藤越長越大，成了民宿的地標，也逐漸在瑞里地區打響名氣，當地的人也都跟著種植了起來，成了瑞里春天限定的特別景點，而阿喜就是我舅舅啦！」
老闆娘笑著對我說：「不好意思今天客人比較多，沒有辦法好好的跟你導覽阿喜紫藤，你就跟 Sunna 自己逛吧！」

位在海拔 1100 公尺的山上，山上空氣無敵清新乾淨，這裡的日本紫藤種於 1990 年，也是瑞里第一棵紫藤花。每年三月春暖花開，就是阿喜紫藤飄香的季節。

我揹著相機悠閒穿過紫藤花所覆蓋的簾幕下，園區內除了紫藤花之外，也種植著各式各樣的繽紛花卉，來到這裡的遊客，點了一杯咖啡入座，略顯悠哉的神情，陶醉在花香與夢幻的紫色情調中，好像忘記了什麼煩憂一般，與世無爭。

沐浴在美麗的紫藤花下，肚子也餓了，接著前往阿喜的店品嘗下午茶。回到了我掛心已久的瑞里，看著青山、呼吸著花香，羨慕住在這樣的山上，真的好幸福。

瑞峰茶園－沏壺高山茶，自然清香

「123 到台灣，台灣有個阿里山」，這是在我心中烙印許久的一句話。撇開阿里山，嘉義的梅山鄉更是美。「梅山」字義上解釋，是春天開滿梅花、梅子盛產的一座山。而梅山確實有種植許多梅樹，也因地處高海拔的山郡上，氣候非常適合茶葉的栽植，因此盛產更多的是高品質的高山茶。

從瑞里村出發，約 15 分鐘車程即可抵達瑞峰觀景樓，看著翠綠茶園依山盤繞，茶樹也在陽光的沐浴下，用井然有序的方式排列生長著。這裡是當地人私藏的祕密觀景台，也是整個瑞里地區的最高點，放眼望去視野無屏障，相當遼闊。

站在瑞峰觀景樓，遠方望去的小工寮與幾株孤單的小櫻花相交伴，扛著竹簍的茶農剛結束忙碌，拿著便當與茶水一壺，坐在阡陌交疊的茶園邊，品嘗著片刻悠閒時光，與山脈層巒堆疊的背景構成了一幅美麗的畫面，我用心品嘗天地之間沏出的一壺清香好茶。

 交通資訊
在嘉義縣的 166 號縣道接往「瑞水公路」後，抵達《瑞里》，再沿途照路邊指標前進即可。觀景台位置稍嫌隱密，若是找不到可詢問當地店家或居民

各種叮嚀：

上瑞峰觀景樓的路況尚可，是一般運茶車的產業道路，一般車輛開上來可能會比較吃力些。

瑞里竹林深處－臥虎藏龍

冬天的嘉義陽光露臉下並不冷，當朋友提起要去瑞里綠色隧道這個景點時，我心想不就是一般的路樹種在兩旁、因為茂密而形成的隧道嗎？但實際來一趟瑞里村的綠色隧道之後，完全顛覆了我的想法。

當車子緩緩駛入綠色隧道時，擋風玻璃上映照著竹葉的嫩綠，曲徑深幽的包覆下有種置身在武俠片中的感覺，彷彿隨時會有武打高手登場。綠色隧道型似日本京都著名景點的「嵐山竹林小徑」，是一條由孟宗竹、桂竹、柳杉林等構成的環繞步道，全長約兩公里，全程平坦，不論是騎腳踏車或是散步在竹林裡穿梭，當風穿透竹林，竹林隨風搖曳摩擦所發出的聲響，就像是自然合奏一般，能讓心靈得到一種特別的寧靜感，據說夏天的晚上還有螢火蟲呢！

 順遊景點
在嘉義縣的 166 號縣道接往「瑞水產業道路」後，可再抵達以下幾個地點，以利進入綠色隧道：若蘭山莊後方的陳家古厝、一品茶業渡假村旁、青葉山莊及瑞里農會旁

各種叮嚀：

拍攝綠色隧道的最佳時段為上午八點至下午四點之間，是光線充足的時段，若是太晚前來這裡，就無法拍出竹林綠意盎然的氣息。

風災過後重新尋回的森林星球

「得恩亞納：得恩是得到恩典、亞納是指很
美的地方，在鄒族含義為：一塊遠離河床平
坦安全的土地。」

跟著來吉部落居民「美惠阿姨」的車子，我
們從原本在河谷中的來吉部落，一路穿越茂
密的重重森林。距離來吉原部落約四十分鐘
車程，我們來到了「新來吉部落」，也是許
多人口中的「得恩亞納（Toe'uana）」。

「一幢幢獨棟的木屋，五顏六色的畫面彷彿
歐美電影中的秘境村落畫面，好美喔！」我
們讚嘆著。

嘉義縣・阿里山鄉
得恩亞納

聚落地址
嘉義縣阿里山鄉得恩亞納

58

因為莫拉克災情（八八風災），來吉部落遭受無情的惡水衝擊，土石流直接覆蓋整個部落於泥沼之中。所幸美惠阿姨的家地勢比較高，是部落中少數沒有被土石流沖走的房子，在洪水氾濫的那晚，至少還能夠短暫遮風避雨。也因為土石流沖垮了對外的聯絡道路及村子裡的一切，村民只能在原地等待救援。在等待救援的過程中，美惠阿姨也無私的開放了自己的家，成為當地居民的庇護所。

「當時家裡很小，擠了村內的四十幾人在一個空間內，食物也只能等待直升機來空投，而且發電機只有一台，時間到了才可以開發電機讓大家充手機的電源，其餘時間我們都要限電，現在回想起來真的很可怕。」她露出苦澀的笑容這樣說。

隸屬阿里山國家森林公園範圍中的得恩亞納，擁有兩間教會，分別為基督教、天主教以及活動中心。目前的四十一棟住房，皆採高架設計，以永久屋的形式去建構，每棟房子都以不同的色彩彩繪，星羅其布在山谷之中，彷似童話故事中的場景一般。

聽完背後的故事，美惠阿姨笑著說：「這塊地是我們爭取很久才爭取來的，它原本是林班地，但這原先就是我們原住民的土地啊！」

拜訪當時，雖然主要道路還沒有鋪設好，院子也由居民自行布置，但在這裡講求凡事自己來，也與一旁舊有的森林共生共存，或許再過幾年，這塊地就會變得更加美麗自然。看著得恩亞納被村民布置出現在美麗的樣子，很難想像原本來吉部落的居民經歷過這樣一段難忘的風災過程。雖然每棟屋子的空間不大，卻看得出部落居民很滿足、也很知足自己擁有了這樣的永久庇護所。

新來吉部落是大家給它的一般俗名，主要是讓人莫忘這個村莊原是來吉部落的一個分支，但部落居民更喜歡用得恩亞納來稱呼它。雖然位於海拔 1400 公尺高的山上，環境有點與世隔絕，但他們很喜歡這個重新落腳的寶地，更珍惜這塊得來不易的地方。

交通資訊

可從「松山機場、台中機場」搭乘飛機至「南竿機場」，轉乘計程車至港口搭乘渡船至《北竿》。也有固定航班飛往北竿機場，但班次較少

各種叮嚀：

春夏交際的馬祖因為地形關係容易起霧，前往之前記得再三確認班機資訊及預留回程時的假期空檔，以避免因為濃霧停飛而被滯留在馬祖。

若班機停飛可以選擇搭乘台馬輪的方式回到基隆港，但航程時間比起飛機的便利性來說相對費時冗長。

連江縣・北竿鄉
芹壁村

霧之聚落、被時間沖淡的殘垣煙硝味

「真的要選在這個容易起霧的季節去馬祖嗎？」出發前往馬祖之前，朋友再三詢問。「就是要這個容易起霧的季節去，才能看見馬祖不一樣的一面！」我笑著說。

從台灣本島飛往馬祖北竿機場的路上，隔著窗看出去的海因為雲霧覆蓋的關係，色調有點哀淡，約一個小時的航行時間，飛機降落在北竿機場。「日出三竿春霧消，江頭蜀客駐蘭橈。」古代詩人劉禹錫的這段話用來形容春天的馬祖再貼切不過了。一陣微雨挾帶冷風灌頂而來：「好冷！原來這就是北竿啊！」

機場一出來就是市中心，街道上還掛有早期戰時留下的標語，兩旁沒有華麗裝潢的商家羅立，北竿很熱鬧，卻又不是心中原本所想像的那麼熱鬧。許多穿著迷彩服的軍人在街頭行走著，整體看起來又肅穆了些。

搭上了往芹壁村的公車，看著小巴在北竿這座小島上的公路穿梭，陣陣細雨濕了車窗，海面上的霧氣一陣陣往小島撞了上來，漸漸看見了聚落朦朧的身影。司機喊著：下一站，芹壁村。椅子都還沒坐熱，就來到了號稱馬祖地中海的芹壁村了。

跟著芹壁聚落留下的石磚階梯上行，一磚一瓦刻畫出過往芹壁居民的生活藍圖，看出去的海灣濯濯，那塊矗立在海灣中央的巨石百年如故，屹立不搖。芹壁聚落依山傍水，因聚落位於芹山與壁山之間，因此取名為芹壁，也因聚落前的海灣有塊巨岩，岩礁四周的海水清澈見底像面鏡子，芹壁的舊名也稱為「鏡港」或「鏡澳」。

無言之白的天空下，黃褐、磚紅色澤的花崗石質地粗糙石材堆砌起曾經，那一幢幢的石屋在雲霧中若隱若現，屋頂的「鯽魚嘴」流洩出雨水，彷彿想告訴我那芹壁過往的淒美故事。

芹壁村村民以捕蝦皮為生，後期漁業沒落，居民大量外遷謀生，導致人口流失，村落的榮景逐漸不在。也因如此，沒有過度的改造與開發，遺留下的空屋群，完整的保留了過往。目前爭戰時期所留下來的精神標語，是陣陣雨絲想稀釋卻刷不去的肅穆痕跡。同個街角、同一片天空，被霧鎖住的歷史，卻不停地散發出淒美與浪漫。

背景故事

北竿鄉位於南竿鄉的東北方，相距約 3000 公尺，面積和人口是馬祖列島中排名第二。地形狹長、島雖小卻擁有馬祖的第一高峰壁山（298 公尺），沙灘多、擁有的離島也最多。

後期老屋保存觀念的興起，殘破的空屋在修繕和規劃下，改建為民宿以及藝文空間等，讓芹壁村展現出新風貌，芹壁的聚落之美受到廣告與攝影師影像推播，素有「馬祖的地中海」之稱，也是北竿島上最重要的景點之一。

芹壁是馬祖閩東建築
最具代表性的聚落,
保存相當完整

淡季的芹壁村因為遊客
數稀少,所以許多店家
都歇業中

芹壁村內隨處可
見當時爭戰時期
所留下來的勵志
標語

阿婆魚麵－國寶級阿婆手擀的魚麵香味

走進號稱馬祖西門町的塘岐村，陽光照在一團團的白色麵團上，這是馬祖特產的「阿婆魚麵」。魚麵是馬祖發展出來的特殊飲食，將切碎的魚肉，以「黃金比例」去和太白粉混合，並加入少許的鹽，攪拌均勻後呈現麵團樣貌。接著切麵、挽麵、曬麵等十二道工序，而後才有了一條條晶瑩剔透魚麵的樣子。

過去因為捕獲的魚有時會過盛吃不完，加上沒有冰箱可以冷藏食物，於是村民將吃不完的魚製作成魚丸，最後進階成魚麵，如今也成了馬祖地道的美食小吃。還記得那天初見國寶級的阿婆，開口問道她幾歲開始學做魚麵？阿婆笑著說：「不太記得了……」已經年過半百的阿婆，臉上雖然爬滿了歲月的紋路，爽朗的個性卻依舊，不因歲月而有所改變。時隔兩年後有機會再重返，那個依然帶著朝氣在自家擀著麵團的阿婆，身影已不在了。

阿婆魚麵
連江縣北竿鄉中正路 168 號
07：00 － 20：30

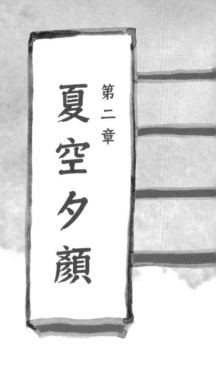

第二章
夏空夕顔

6—9 月

《霞，閃耀著蒼穹的夏之歌》

用陽光調出的飽和色彩，風吹撫著浪花的激情
朵朵白雲悠遊的掛在藍天之上，熱血的引擎轟隆隆
一種隨興、不自主揚起的微笑
我們會重逢在夢的旅途中

 海洋大學
基隆市中正區北寧路 2 號

 交通資訊
搭乘「基隆市公車」103 八斗子、104 新豐
街至《海洋大學站》下車，往校區後山方向
步行約十分鐘即可抵達龍崗步道

基隆市・中正區
龍崗步道

各種叮嚀：

看螢火蟲時手電筒「一定」要用紅色玻璃紙
包覆起來，因大多數昆蟲看不見紅色光線。龍
崗步道入口有海洋大學貼心提供的玻璃紙可以
借來使用，用完也請記得放回原位給下個使用者沿
用。記得不要破壞環境、不要捕捉螢火蟲、更不要
留下垃圾，這樣才不會干擾到螢火蟲的生態，帶著
純欣賞的眼睛前來就可以了。

螢光繚繞、小時記憶的懷舊味

每每看到螢火蟲，總讓我想起小時候看的卡通電影「螢火蟲之墓」。在日本文化中，靈魂被描述成為一顆漂浮的火球，而螢火蟲有象徵人的靈魂之意。夏天，晚風吹起，曾幾何時城市的風不再涼爽，天空也不再幽暗；你是否還記得小時候追隨螢火蟲在田野中奔跑的記憶嗎？五歲那年傍晚，我在雲林老家門前的院子外玩耍著，夜幕剛擦黑，遠遠的、幽暗的角落有一抹亮點飛舞著，揉了揉眼睛，還以為自己眼花了。

隨著光點朝著自己飛了過來，停在胸口上，發著一閃一閃的金色光芒，彷彿一個特別的胸針，我開心的把牠捧了起來，拿回家問奶奶「這是什麼？」。奶奶說：這是螢火蟲。那是我對螢火蟲的第一印象。幾年後，搬到了大樓林立的都市，夏天已不見一閃一閃在黑暗中紛飛的光點，而是城市的人造光線，把這些可愛的螢火蟲逼退至遠遠的森林中。

直到大學，遷居至基隆念書，某個夏天傍晚，據就讀海大的朋友說後山藏有一片螢火蟲的秘境，於是抱持著忐忑的心，我一人獨自走進海洋大學後山的「龍崗步道」。

夏天，夜黑的慢，但隨著步道蜿蜒進入了森林，眼前的路也變得幽暗，幾乎是伸手不見五指的狀態，當我開始擔心是否已經該折返的時候，一抹微光在眼前晃呀晃。

「是螢火蟲！」我開心的叫了出來。一隻、兩隻，到最後是一整群的螢火蟲繚繞著自己，彷彿走入夢中一般，身邊螢光紛飛環繞，整個森林彷彿充滿希望的光芒。這是我多年後再與螢火蟲相遇，一眼瞬間，我找回了小時候第一次遇見螢火蟲的感動。

龍崗步道的生態相當豐富，除了有螢火蟲之外，沿途
也可以觀察到許多自然生物

龍崗步道因為靠海加上森林茂木，步道較為潮濕，建
議穿著具有止滑功能的鞋子上山

基隆忘憂谷－海潮吐納湛藍的迷迭香

這座城市又下雨了。冬天的基隆好像擺脫不了東北季風的束縛，一直不停的沉溺在淚水裡頭。傍晚雨勢間歇，天空發出一種淡淡的哀愁色調，我騎著車，追尋著海風的足跡，空氣中雨水混雜著青草香，沿著山路一直前進，找尋一個能夠忘記煩憂、忘記紛擾的角落。路的盡頭來到一個至高的平台，望出去是一片靜謐的大海，陣陣海風從海平線那端吹撫而來，海上一座孤傲的島嶼，在夜色的藍幕中浮現一種淡淡的哀傷。

漁船劃過深藍色的大海，海風吹得讓人發抖，海霧朦朧的景緻，看著看著好像煩憂也迷失了一般。靜靜地坐崖邊，看著海、吹著風，忘記生活的困擾，忘記人生的煩憂，不同季節，忘憂谷散發出不同的魅力，彷彿能夠吸收所有的不快樂一般，似乎呼喚著自己要活得更加快樂，說好與煩憂不再見。

 位址
基隆市中正區八斗子八斗街底

 交通資訊
搭乘「基隆市公車」103 八斗子、基隆客運濱海線，於《八斗子站》下車，沿八斗街至漁港油庫旁登山步道入口

順遊景點
碧砂漁港、八斗子漁港、八斗子夜市、國立海洋科學博物館

各種叮嚀：

入夜後的忘憂谷因為緊鄰海岸的緣故，風勢較為強勁，上山前記得多加一件外套做好保暖工作，而沿途路燈不多，騎車、開車的朋友也請多加注意自身安全。

 位址
基隆市中正區靠近北寧路 516 巷台 2 線旁

 交通資訊
搭乘「台鐵」至《基隆車站》下車即可抵達
中元祭會場。台北、宜蘭、南投、台中地區
的旅客可搭乘往基隆的「國道客運」至《海
洋廣場站》下車。望海巷放水燈可轉乘「放
水燈活動接駁專車」前往
註：每年活動結束後，台鐵及國光客運也會
加開深夜加班區間車，接送旅客回台北車站
（詳細交通資訊依當年活動公告為主）

各種叮嚀：

基隆中元祭固定為每年農曆七月十五日，當日下午
基隆市區（火車站至廟口）會進行封街及交通管制，
建議搭乘台鐵或是公路客運最好提前抵達。花燈遊
行活動往年都是七點開始，有興趣看花車遊行的朋
友記得提早來卡位。

基隆市・中正區
雞籠中元祭

冥火燃燒、祈福未來的煙硝味

每年到了農曆七月,是台灣人俗稱的「鬼月」,也是一年之中禁忌最多的一個月。自從在基隆念書後,認識了「雞籠中元祭」這個基隆獨特的傳統祭典,在大學四年間,幾乎是風雨無阻的年年參加了基隆中元祭系列活動,每年的活動大同小異,但卻都能帶來不一樣的驚喜與感動。每年中元節前一天,不論平假日,基隆市都宛如舉行大型嘉年華一般,進入封城的管制狀態,市區的車輛只出不進,商家也會提早打烊休息。直到傍晚七點鐘,中元祭活動敲鑼開始,第一輛花車進場表演,把活動帶入高潮。一輛輛五光十色的電子花車放上了各姓氏的「水燈厝」駛入市區遊行,象徵邀請海上的好兄弟上岸接受普施,有如致送邀請卡一般。搭配來自各界民間團體的遊行隊伍一字排開,熱鬧喧囂貫穿了整個基隆市,把整個活動帶到了最沸騰的境界。

基隆中元祭在台灣傳承了 160 個年頭,自每年農曆七月一日的老大公廟開龕門後,陸續歷經十二日主普壇開燈放彩,緊接著迎斗燈遶境祈福,直到農曆十四日來到活動的最高峰「放水燈大遊行」。當街區的遊行結束後,花車上的水燈也直送位於基隆市中正區的「望海巷」,水燈頭一字排開在海岸邊,經法師誦經致祭,一陣鞭炮貫徹震耳欲聾,時間也悄悄進入午夜十二點了。焚燒的冥紙紛飛,在黑夜中燃起了陣陣光點,那煙火與炮竹聲交織,此起彼落,義消、義工朋友們抬著水燈往海岸線前進,頂著海上一波波的湧浪侵襲,一次次地把各家姓氏的水燈厝以接力的方式往最遠的海外推,並點燃熊熊火光照亮海面,實在華麗壯觀。放水燈主要是為招請好兄弟,並焚化新的棲居之所和花用的紙錢給海上孤魂,以求好兄弟保庇來年的平安,而水燈主要是由紙包覆著竹條,並貼在保麗龍板上而成。水燈厝在海上載浮載沉,若火燒得旺,水燈厝飄得遠,象徵宗親家族的運氣也會旺盛,並預告未來一年的平安順心。

背景故事

基隆中元祭為「台灣十二大地方慶節」之一,是行政院文化建設委員會指定為「國家文化資產」的國定重要民俗,更是台灣人一生中必要朝聖的祭典活動!

每年中元祭晚間七點，
基隆仙姑上假遊行花車
炒得熱鬧滾滾

望海巷每年都會請來相
當傳統的舞台表演，號
稱變形金剛的舞台車相
當華麗壯觀

深夜十一點左右望海巷
會燃放華麗的煙火，接
著水燈頭陸續出海，祈
求平安

 位址
新北市土城區承天路96號底（用地圖搜尋「承天禪寺」即可抵達）

 交通資訊
搭乘捷運「板南線」至《永寧站》，再轉乘往桐花公園的接駁公車即可抵達

 順遊景點
承天禪寺、鶯歌老街、三鶯藝術村、三峽老街、三峽祖師廟、山佳車站

各種叮嚀：

桐花每年有兩次花期，五月為盛開期，詳細桐花季期間活動可上新北市官方網站查詢。

新北市·土城區
桐花祭

桐花紛飛、溫柔五月雪的清香

白頭翁與綠繡眼在枝頭上跳躍著，彷彿踩踏在黑白琴鍵般，吱吱喳喳的用一種初夏的姿態高歌著。遠方沾黏在樹幹上那隻剛褪去金殼的蟬，透徹的身子，冷眼的看著世界的喧擾，準備獨唱一首夏天的歌。五月是溫柔的季節，南風吹來天氣漸暖，應該是要展現活潑艷麗的色彩，桐花卻是獨樹一格，以一種素雅的姿態，渲染了各地山頭。

春神走了，五月的風輕柔舒緩吹拂，走在通往承天禪寺的古道上，前晚大樹被雨水洗刷過發出鮮綠，矗立兩旁。雨水也把桐花洗落了一地浪漫，踏著這片名為「情竇初開」的五月雪。

許多人或許不知道，一年之中桐花共有兩次開花的機會，除了四、五月之外，還有十月中旬，桐花雪也只能短暫維持三個星期左右。桐樹是日本時代才從中國引進的樹種，主要利用油桐子提煉桐油、製作印刷油墨的原料，油桐木則做為製作民生用品的基本材料；桐樹的經濟價值成了許多客家人支撐家計的經濟來源，讓各地的客家族群紛紛搶著栽種，因此桐樹大多廣泛在客家聚落附近的山林可以發現。隨著年代變化，桐樹的經濟效益已不復從前，也因為當時搶種的風潮，油桐為當今客家文化的象徵。

陽光穿透了樹梢，我擦去佈滿額頭的汗珠，繼續走在蜿蜒的古道，很快的來到了盡頭。一間充滿日式風情的「承天禪寺」映入眼簾。新北市的「土城」有著桐花之城的美稱，承天禪寺為台北地區桐花盛開頗為密集之區域，加上交通便利，每年總吸引大批人潮上山賞花。站在觀景台上不僅可以眺望板橋、樹林地區的城市景緻之外，更可以看到桐花盛開綿延山頭的盛況。

當桐花悄悄的白了樹梢，山巒好像被潑了漆一般，隨著風，淡淡香氣撲鼻而來，遺留下的桐樹，每年依然盛開；那飄落的五月雪，是客家人營造出的美麗意外，也是桐樹與客家人之間深厚無法割捨的情感。

禪寺清幽莊嚴,入內請
遵守廟方規定

活動期間偶有街頭藝人駐
點,可以有許多意想不道
的收穫

 位址
桃園市龍潭區三坑村

 交通資訊
搭乘「台灣好行－慈湖線」於《三坑老街站》
下車即可抵達

 順遊景點
大溪老街、大溪吊橋、阿姆坪、石門水庫風
景區

各種叮嚀：

永福宮前廣場為三坑仔老街，雖然只有短短兩
三百公尺，但是周邊的店家卻蘊藏著許多經典
小吃，如客家菜包、草仔粿、雞蛋冰、牛汶水、
還有看似雜貨店的豆花店鋪，都是拜訪三坑老街必
吃的店家。

桃園縣・龍潭鄉
三坑老街

沿著溝圳、日式風情依舊的淳樸氣味

剛下過一場午後雷陣雨，把空氣的悶熱都洗刷得徹底；我收起了傘，濕了一半鞋子，踏過地上的水窪，晃到了三坑老街。街道上的紅磚瓦被雨水染了兩種不同層次的紅，水珠滴滴答答的從屋瓦上滴落，從磚瓦縫生出的小草彷彿也沖去了暑熱，發出活力的嫩綠；一場雷陣雨趕走了暑氣，也趕走了街道上原本熱鬧的人潮。

慵懶地走在廟埕廣場前，街角的包子店菜包又出籠了，蒸熟的香氣蓋過了永福宮的香火味；商家又開始拚命的叫喊著，希望被雨水帶走的客人們能夠趕緊回籠。走著、走著，看見了電線杆上那套古早的大聲公廣播系統，讓我想起了先前電視上的張君雅小妹妹廣告。這是台灣村落中保留最有人情味的一個系統，許多大大小小的事情透過麥克風就可以傳達給村民們。

香火持續從永福宮內飄散出來，幾個虔誠的婆婆雙手合十正在和神明交談著。百年歷史的永福宮雖不比台灣其他鄉鎮的廟宇擁有繁華麗緻的外型，倒多了一點在地應有的樸素感。我手持著流汗的雞蛋冰，坐在廟前長板凳上吃著，嘗著雞蛋冰溶出的沁涼，那是小時候記憶中的古早味。大雨過後，人潮寥寥無幾的街道逛起來格外舒適，用一種與世無爭的眼神看著來往的人們，原來這就是午後最悠閒的純粹。

走到了三坑老街尾，街上也就這麼一家自行車出租店，我租了一台單車，雙腳踩著踏板，用時速40公里的角度騎在環繞田野的自行車道上。沿途12公里的路程，樹蔭蒼蒼，綠得飽和的稻田，幾隻紅蜻蜓掛在藍天上逗留。偶有幾段小上坡騎得讓人發汗，峰迴路轉，又是驚險的下坡路段。車道中段更是沿著桃園大圳旁前進，潺潺流水聲經過旁邊滿開的野薑花，當風一吹，香氣隨之而來，這一段是我覺得騎乘起來最舒服的路線。下坡的終點，又回到了永福宮，看板上寫著三坑老街過往的歷史，那一條清澈的溝圳是早期三坑老街居民聯繫情感的集散地。又稱「黑白洗」的三坑老街，早期當地居民都會帶著家裡的衣物，蹲在老街旁的溝圳清洗衣物，一邊洗著、一邊聯繫情感，形成熱絡的畫面。早時的大漢溪水位比較深，許多商旅船隻可由三坑仔登陸讓三坑老街成為周邊城鎮的貨物集散中心，因此造就了地區的繁榮。過去，三坑仔老街曾有「桃園第一街」的稱號，後來隨著公路普及化，那些繁華也漸漸走入歷史，回歸寧靜。

龍潭離台北並不遠，卻擁有這麼日式風情的村野與景緻，若是想走觀光與吃喝的路線，三坑這裡或許不太會受到青睞。但台灣眾多老街中，少有一個能夠真正讓人釋放壓力的老街，走過一回三坑老街，會愛上這裡的淳樸氣味。

自行車道一旁沿著桃園大圳闢建，潺潺流水聲充滿了自然氣息

自行車下坡的終點會來到三坑老街的起點，也就是永福宮

客家人的端午節－同舟共度歸鄉味

五月五，慶端午。除了過年及中秋之外，端午節在節日中也是個團圓的重要日子，對客家人來說，更包含了「歸鄉」及「念情」的意含。每到端午節前後，以客家族群居多的龍潭舉辦了「同舟共度歸鄉文化季」，號召遊走在外地的客家鄉親記得在這一天返家與家人團聚。白天在龍潭大池舉辦的龍舟競賽，替活動拉開了序幕，群眾的加油聲此起彼落，呼應著客家人「吃苦耐勞、團結一心」的精神。別於其他縣市的端午節慶典，夜間的歸鄉文化季由專業團隊設計煙火並搭配水舞、劇場，在龍潭大池上把活動帶入最高潮，美麗的水舞搭配民間故事，花火與水舞在大池的水面上映照最美的畫面，這是整個龍潭最熱鬧的一天。

 位址
桃園縣龍潭鄉上林村溝東 100 之 1 號（龍潭大池南天宮）

 交通資訊
1. 可從【桃園車站】、【中壢車站】轉乘「桃園客運」至《龍潭轉運站》
2. 搭乘「國道客運」：
1653 統聯客運 板橋—新竹
1728 亞聯客運 台北—新竹
5350 台聯客運 台北—龍潭
至《龍潭轉運站》下車步行十分鐘即可抵達龍潭大池

 順遊景點
三坑老街、龍潭石門山、大溪老街

各種叮嚀：

龍潭花火節每年於端午節前後展開匯演，場次不定，詳細資訊可上 FB「我是龍潭人」查詢。

 我們一家種田趣
嘉義縣太保市太保里 17-25 號
0910-659-817

 順遊景點
嘉義公園

各種叮嚀：

※「我們一家種田趣」非觀光果園，因此
未對外開放參觀。

嘉義縣・太保市
溫室小番茄

歸鄉種田、年輕人始終懷念的家鄉味

初夏的嘉義漸漸回暖，和番茄園的老闆娘約在高鐵站碰面，搭上老闆娘的車，途經太保市郊區，一棟棟溫室小屋反射陽光的白，與新綠的稻田形成美麗的對比，老闆娘說溫室內多半種植的就是小番茄。嘉義是台灣的農業之鄉，而太保市正是「紅色小番茄」的故鄉。有句話說：「一天一蘋果，醫生遠離我」，蘋果中含有豐富的維他命 C、膳食纖維和天然抗氧化物等等，常吃蘋果能有效增強人體的免疫力與抵抗力。除了蘋果之外，近年來許多研究也證明，番茄中的茄紅素對人體的健康也相當有益。

到了果園入口，才剛打開溫室的幕簾，一股熱氣隨之竄出。「好悶熱啊！」我脫口而出這句話。老闆娘笑著說：「現在溫室內的氣溫大概有 40 度，但還不算熱，在夏天可以來到 50 度。」棚外 28 度，棚內卻有 50 度高溫，把小番茄悶得一顆顆晶瑩透紅，一串又一串在陽光洗禮之下飽滿可愛。穿著花布戴著斗笠的阿嬤拖著小車在園裡穿梭，手腳配合眼睛的觀察，俐落地採下一顆顆熟度剛好的小番茄。

跟著阿嬤一起彎腰在溫室番茄園採收，過程中，她臉上滑下的一顆顆汗水，我說：「天氣這麼熱很辛苦吧！」阿嬤卻笑著說：我採的叫現金。那一滴汗水正好滑進了阿嬤的眼睛，叫甘之如飴。

熟度剛好的番茄若不搶摘，過熟的番茄很容易落果，落果就無法販售，整個就前功盡棄了，很欽佩番茄農可以在如此炙熱的環境下工作數個小時，卻不曾喊苦。

第一次與果園老闆夫婦見面的我非常驚訝，為何這麼年輕的兩人會選擇在嘉義務農呢？老闆娘說，原為上班族的他們，幾年前因長輩提議下，回家承接了不再被續租的溫室，開始從事溫室精緻農業。堅持種出安全、健康的水果。但萬事起頭難，在頭一年回到嘉義時因不懂如何栽培，而小小挫敗。跑去請益了許多作物專家及博士，不斷努力之下終於成功種出好吃的番茄及甜瓜。他們提到現下的社會環境，許多人不願意回鄉務農，把務農想成一種非常底層的工作，其實農人在社會中是非常重要的角色。話語之中讓人感受到他們對於自己溫室種植的理念，也透露出許多的堅持與熱愛。

尚未來到太保之前，我並不知道太保的名產原來是小番茄，也從未認真認識到它的產地及生長過程。這次在嘉義，遇到了一對如此用心真誠務農的年輕夫妻，盡心種出健康的作物與大家分享，腳步雖然走得辛苦，但也在他們臉上看見了幸福。

嘉義縣．嘉義市

嘉義公園

嘉義公園、射日塔
嘉義市東區公園街 46 號

交通資訊
搭台鐵至「嘉義車站」轉搭嘉義縣公車「市區
2 路」，在《嘉義公園站》下車即可抵達
（建議車站前租機車較為方便，可機動性順道
遊市區其他景點）

順遊景點
文化路夜市、蘭潭風景區、檜意森活村、森林
之歌

百歲公園、由古至今緩緩散發的檜木香

涼亭內飄出一壺阿里山茶香，壯闊的大樹下老人家整齊的打著拳，天空是那熟悉的蔚藍，搭配著悠閒氣味，這是我印象中的嘉義。嘉義是個具有許多豐富歷史文化與古蹟的古城，僅次於台南市，許多古老建築都完好的被保留在嘉義公園中，這些遺留下來的經典古蹟，依然散發出古色古香，如嘉義孔子廟、忠烈祠、嘉義神社、射日塔、嘉義市史蹟資料館都聚集於此。

早期嘉義公園是由日本人闢建，在嘉義市的歷史已達百年，開創當時還不開放給台灣人參觀，只提供給日本軍官與眷屬當作休憩場所，幫助他們適應在台灣的生活。往射日塔途中，參道兩旁日式燈柱並肩歡迎，手水舍、祭器庫充滿日式風貌的小徑終點，高麗犬石雕露著微笑，那一棟散發著濃濃日式風情的木造映入眼簾。陽光灑落在屋簷的一角，一棵大樹靜靜地守候著它，走進嘉義史蹟館庭園內，原本寂靜的塵土被我的腳步揚起一陣喧囂。拉開紙橫拉門，撲鼻而來一股檜木香氣，彷彿走進了另一個空間，原來齋館與社務所是並肩相連的，傳統的日本建築式樣空間，展示著許多嘉義地區的老故事。跟著悠閒繼續前進，一座高塔向我宣示著權威，這裡原是嘉義神社的舊址，在某次祝融後，原址重建了「射日塔」。褐色鋁條所構成的紋理與神木外皮相似，原是呼應著原住民的射日傳說，站在塔下仰頭望，彷彿被雷神劈開似的，一線的天空，讓人感覺彷彿自己是小小井底之蛙。

來到了嘉義公園，與其說它是個公園，我倒覺得這裡比較像是歷史匯集的文化園區。隨著日人退去，嘉義公園成為當地人的童年回憶，在他們心中的崇高地位卻不曾消退。

背景故事

齋館與社務所建築經整修後成為「嘉義市史蹟資料館」，整體格局略成 L 型，有中廊可以進出齋館，社務所的兩側則被隔為數個房間供神社工作人員使用。

嘉義神社位於嘉義公園中，神社本殿在日本統治時代終結後，改為忠烈祠。1994 年時受到祝融全毀，原址在 1998 年改建為塔高 12 層、高約 62 公尺的「射日塔」。塔名來自原住民的傳說，塔身的建築造型構想來自阿里山神木，塔的中間留有高 40 公尺的「一線天」，營造被「劈開的神木」之意象，有「嘉義市的新地標」之稱。

位於嘉義公園內的射日塔

世賢路自行車道－滿街盡落黃金雨

夏至，藍色透明的天，騎著自行車遊走在嘉義街頭，一條無形的北回歸線切割了這座城市。耀眼的陽光配著徐徐的風，臉上汗水鹹鹹的滑落，斑駁的光影追隨著我，在滾燙的柏油路上奔馳。我騎著自行車沿著世賢路的單車道，暖暖的風跟五步一棵的阿勃勒，說好要一起演出一場「落葉繽紛」，用細小的黃色花瓣下一場浩蕩的黃金雨，鋪天蓋地的灑落，在地面上蓋出一條金黃色地毯，美得讓我呆站在原地。用心傾聽這塊土地奮力用盡各種形式表現出他的熱情，這是嘉義夏天最浪漫的一場雨。

嘉義市在自由路、世賢路、友忠路及忠孝路等行人步道旁都種植著阿勃勒，而世賢路鐵馬道周邊沿路種植的阿勃勒每年五到七月滿開時最為壯觀，金黃色的阿勃勒花瓣成串下垂，呼應著藍天白雲，當風吹掉落時如細雨紛飛，著實不枉「黃金雨」的美名。

背景故事

阿勃勒的花朵為金黃色，共有5個花瓣，是泰國的國花，也是印度南部喀拉拉邦的省花，在台灣多當作行道樹。

阿勃勒步道
自由路、世賢路、友忠路及忠孝路等行人步道旁

交通資訊
可搭乘台鐵或客運至《嘉義車站》，前站即有租機車及自行車的專門店

順遊景點
北門車站、嘉義車站、檜意森活村、森林之歌

臺灣花磚博物館－重拾記憶的花磚拼圖

花磚是世界上許多建築都喜歡用的素材。也因為地域的不同，花磚發展出因地制宜的樣式及特色，可說是一種建築語言。在台灣，花磚過去也廣泛運用在建築上，經過不同文化堆疊、長年累月的發展後在地化，花磚不僅敘述著一戶人家的故事與脈絡，也是過去財力雄厚的屋主在建築上透露的一種「財力證明」。

隨著時代演進，許多保有特色花磚的老屋面臨拆除，花磚博物館於是極力保存這些僅存的花磚記憶，將拆屋現場殘存的花磚帶回博物館展示、保存。數千片花磚整理後展示在懷舊的空間中，這些花磚就像是拼圖般，拼出了老一輩人的記憶，也讓後一輩的我們了解過往台灣建築史的脈絡。

 臺灣花磚博物館
嘉義市西區林森西路 282 號

開放時間
10：00 － 17：30（每週一、二公休）

交通資訊

可從台北松山、台中清泉崗、嘉義、台南、
高雄小港等機場搭乘飛往澎湖馬公的班機，
或從嘉義布袋港搭乘快艇至「澎湖馬公港」。
欲前往虎井嶼的朋友可由「南海遊客中心」
搭乘渡輪前往，每日航班詳細資訊可至南海
遊客中心洽詢

遊客中心位址：澎湖縣馬公市新營路 25 號

順遊景點

虎井北回歸線塔、虎井羅漢公園、桶盤嶼

各種叮嚀：

虎井嶼本島不大，大約半天即可走完，可搭
配七美、望安等三島行程。

澎湖縣・馬公市

虎井嶼

深吸一口、呼出海水鹹鹹的味道

天剛亮，我吞了一顆暈船藥搭上了船，挾帶著睡意，浩浩蕩蕩的從北海遊客中心出海去。今天澎湖的天空很不給面子，上午的天氣驟雨不斷，下午卻又陽光露臉，讓人深刻體會到變天如變臉的海島氣候。船班在海面上拉開了兩條浪花，隔著窗遠眺海上的風光，遼闊得讓人心曠神怡，30 分鐘後，我登上了這座離島中的離島－「虎井嶼」。

船班駛進了虎井嶼港口，港邊的海水好湛藍。船長拋下錨，宣告我們正式登入虎井嶼。幾隻不知名的海鳥在堤岸上與我對望，我轉向看著港口邊的「島容」，村落房屋披著素雅的灰白色，有種被時光無情沖刷過的感覺；身旁設有虎井遊客中心，再過去有間繽紛彩繪的警察局，遠遠的就能看得出是學校的建築。走在這幾十公尺卻充滿復古情懷的街道上，空氣寧靜的可怕，幾位和藹的老人家與我寒暄問好，說著這裡曾是島上最熱鬧的地方。

早期的虎井嶼，漁業相當發達，在全盛時期，整座島擁有三千多位島民。經時代變遷，因島上沒有太多發展機會，導致年輕人都出走了，目前只約三百人左右在此居住，而島上唯一的小學「虎井國小」，全校更是只有五位學生。

島上的接駁巴士已經在碼頭等候我們，車上司機兼導遊，也是虎井嶼當地的青年。從他口中能在心裡描繪出虎井嶼早期的雛型，儘管我試圖替島上過往的風光著色，但始終無法還原這裡曾有的面貌。一眼瞬間，身邊的風景也跟著巴士移動而變換，來到了島上的十八羅漢公園。

站在十八羅漢雕像公園邊側看出去的風景，視野相當遼闊。望去，起伏的玄武岩山丘呈現灰濁的色調，島上的房子由咖啡色與灰白色調相間，很像撒落一地的積木，呈現出一種與世無爭的遺世小島風情，彷彿島上的時間凝結，腳步緩慢得讓人有一種遠離世俗的塵囂感。看得出島上沒有太多的開發，保存著很原始的面貌。我站在懸崖往下看，海水與藍天拼貼的畫面，加上玄武岩的壯麗景致，嘆為觀止。我深呼吸一口澎湖的空氣，有別於都市，稍鹹、卻充滿遼闊的味道。

背景故事

虎井嶼隸屬於馬公市，為澎湖島的第七大島，擁有最美麗的海灣風景，歐洲人稱為 Table 島。從馬公港坐船到虎井嶼只要 20 分鐘即可抵達，島上的美景更是享譽國際，名列全球「十大秘密島嶼」第七名。

食

來來鮮魚湯－親自嚐一口現撈的甘甜

虎井派出所旁的「來來鮮魚湯」，所賣的鮮魚湯和花枝丸是拜訪虎井嶼必吃的小吃。雖然花枝丸一支 40 元，價格略貴，但內餡卻是整塊的大花枝，好是過癮。除了主推花枝丸和鮮魚湯之外，來來也販售著各式各樣的冰品和小吃。

虎井嶼來來鮮魚湯
澎湖縣馬公市虎井島 75 號
(06)9291006

營業時間
每日 8:00-20:00

澎湖花火節－絢爛花火下的紀念意味

澎湖的風很大，入夜後的觀音亭人潮卻不因強風吹撫而影響，反而越聚越多。找了一個有水面與彩虹橋身倒影的位置，聽著台上歌手熱情的演奏，等候著接續施放的「澎湖國際海上花火節」。時間進入倒數，第一發煙火也就這樣冉冉升空，點燃了最精采的花火節序幕。搭配音樂舞動的煙火，看得讓人好不過癮，驚呼連連，原來煙火也是一種藝術表演。澎湖花火節自 2003 年起年年舉辦，已經成為澎湖春夏交接之際最具有代表性的活動之一，但或許很多人不知道，這美麗的花火背後，竟是一場空難意外所換來的。

2002 年時，澎湖外海發生了重大空難事件，間接影響了許多人前往澎湖旅遊的意願，造成當地觀光產業受到波及，間接黯淡。為了振興觀光，澎湖縣府隔年與航空業者合作相關晚會活動，活動最後以長達半小時精彩的高空煙火秀作為結尾，並將氣氛炒熱到最高點。因活動得到相當好的評價，因此隔年續辦，進而演變我們當今的「澎湖花火節」。近年澎湖花火節在國際上打響了名號，年年都邀請到國內外知名的花火團隊前來施放演出，演出場次甚至高達二十場，讓花火不再只是燃燒公帑的一場秀，而是真正融合藝術與花火之美的一場表演，成為許多觀光客到澎湖夜間必來朝聖的活動之一。

🚗 **交通資訊**
煙火施放地點：澎湖縣馬公市觀音亭

各種叮嚀：

花火節詳細活動內容、施放時間，請洽澎湖花火節官方網站。

順遊景點
馬公老街、馬公市商圈、四眼井

交通資訊
前往澎湖白沙，船班詳情請洽北海遊客中心。
遊客中心位址：澎湖縣白沙鄉 37 之 4 號（赤崁漁港內）

順遊景點
可轉乘快艇至目斗嶼、吉貝石滬群

澎湖縣・白沙鄉
吉貝島

與風賽跑、珊瑚礁岩砌成的咕咾味

島上的天空很藍，風是溫潤的，它吹啊吹，從村落吹到港口，從港口吹到島與海岸的邊緣，吹的時間凝結成果凍色的夢了。下了船，踏進島上唯一的村落，歲月把吉貝島剪成了碎片，一塊塊咕咾石疊成破舊的老宅屋頂，珊瑚岩組成的圍牆也佈滿了仙人掌，彷彿護衛著島嶼的寧靜，不被侵擾。一隻小貓悄悄走進小巷，彷彿告訴著我班駁是這座島最後伏線。

與夏天進行一場賽跑，美好風景拼成長長的跑道，浪花大喊著加油，是最忠實的觀眾，彎著腰的防風林，像是慵懶的老頭，緩緩地移動著雙臂。在吉貝島，沒有終點的接力賽跑，跑過的角落都是一張最美的明信片，貼上一張郵票，寄給未來的自己。吉貝島的幅員不大，風光質樸，許多熱愛水上活動的遊客們朝聖而來，但熱鬧區域始終聚集在碼頭、港口、沙尾附近，島的另一側卻人煙稀少，一條路筆直連接了天際，沙兒捲在空中轉著，飄渺而孤寂。任何事情都有個始與終，島上一圈，彷彿跑了一場沒有終點線的賽跑，跑著、視野闊了，心胸也跟著闊了。往前看，也不會去計算有多少遺憾了。

吉貝島另外一側少有人煙，偶有幾座彩色民宿矗立
於此，點綴了一點活力上去

拜訪吉貝島需要從北海遊客中心搭乘快艇
出發，航行過程約半小時內可以抵達

吉貝島發展了很多水上活動，喜歡刺激的
朋友可以挑戰看看

吉貝沙尾－層層深邃海水藍，令人心醉

那年初訪吉貝島，灰白天空下的沙尾顯得滄桑，唯有那透徹海水始終讓我流連忘返。數年後，又回到了這座讓我難忘的島嶼，海鳥盡情的飛翔著，一道飛機雲拖曳著長長尾巴，陽光在天空揮灑滿滿的靛藍色，一切都很夏天。浪化持續拍打的岸邊，激盪出一首首輕盈的歌曲，很多層次的藍深邃得讓人陶醉，學著像偶像劇一般赤腳走在沙灘上製造浪漫，直到沙子用滾燙的方式提醒我，別傻了，夏天它還在。走在吉貝沙尾的邊緣，彷彿走到了海天的盡頭，浪花冰冰涼涼的包覆了雙腳，沖去了暑氣，也沖淡了生活的煩悶與壓力。沙灘上那巨大漂流木，在此沉睡了數個年頭，儘管在時光的洗刷下已經蒼白枯朽。天人菊舞動著活潑，倚靠在朽木身邊搖曳生姿，朝氣蓬勃的哼唱著一首夏天的風，彷彿在嘲笑枯木的衰老，替它增添了一抹艷麗的色彩。吉貝島上的蔚藍海岸，美的好不真實，一張照片、一個回憶，不小心就會找回更多快樂了。

背景故事

吉貝沙尾是吉貝島上另外延伸出去的特殊地形，沙灘由珊瑚碎石組成，相當潔白迷人。因沙尾上無興建涼亭或是遮蔽物，建議不要烈日正午時刻前來海邊，拜訪前也記得做好防曬，不宜久曬。

澎湖特有的天人菊在海岸線上搖曳生姿，是澎湖最夏天的象徵

吉貝沙尾的海洋透著漸層的海水藍，層層都讓人看得心動著迷

天堂路－潮起潮落之間的鹹鹹海風

澎湖後寮天堂路是近年最迅速竄紅的熱門景點，這一條蔓延進入碧藍大海中的堤防，原是後寮東港碼頭港，做為漁船卸貨而興建的碼頭。不過後來隨著新港口的闢建，後寮東港碼頭就再也沒有被使用過，一直荒廢在這裡，隨著網路社群發展，因而得名「澎湖天堂路」。來走天堂路，需要抓對時間，因這條隱身在潮起潮落之間的道路，在退潮後就會浮出水面，非常夢幻的風景也成為眾多網美前來澎湖打卡的 IG 景點。

 交通資訊
欲前往望安島的朋友可從澎湖馬公南海遊客中
心搭乘開往七美、望安的快艇,或由高雄小港
機場搭乘國內線航班高雄－望安的班機抵望安
機場

 順遊景點
網垵口沙灘

澎湖縣・望安鄉
花宅聚落

閩式古厝、透出了寂寥的韻味

日正中午的望安島烈陽高高掛，才曝曬在太陽下沒多久就已讓我頭暈目眩，夏日小島真的好熱情。望安島是澎湖南方的一塊綺麗之島，我將之解讀為「希望、平安」的意思，彷彿來到望安，希望與平安之感就湧上了心頭。下了交通船，望安的陽光馬上熱情親吻著身上每個毛細孔，心也隨著太陽的熱情燃燒了起來。在港口邊租了一台機車，拖著我的影子，一同環島去。望安的公路不像是都市裡那樣平坦的柏油路，而是水泥組接起來的道路。騎在島上唯一的道路中，每一個轉角都可以瞧見最美麗的蔚藍海岸，波波海浪簇擁、追趕跑跳碰的瞬間，海口無時無刻都一片閃亮亮的，動人美景總讓人不留神的停佇。這樣浪漫的小島，卻有著一抹淡淡的辛酸，因島上交通不便、物資運補不易、就業機會少，年輕人口逐漸外流，僅剩下少數居民駐守。

陽光灑落在小徑，星羅棋布的閩式古厝，無人煙街道，小狗靠在門檻上舒服的睡著；多層次的雲朵，呼應著無限斑駁的瓦牆，散發出一種寂寥的韻味；一陣風吹來，耳語說著花宅過往的興盛歷史，望去那退色的囍字窗，是我對花宅聚落的的第一印象。

老石頭築成的牆經過風雨侵蝕已經發黑，紅色的屋瓦頂經過陽光侵蝕已經退色，觀光的人潮始終填不滿花宅的孤寂。這座失落的村莊，四處充滿張力的廢墟，古色的門樓更添加花宅聚落的滄桑。花宅聚落位於澎湖望安島的中央，又名中社古厝，目前僅剩寥寥無幾的居民在此定居，賣著爆米花球的阿公、阿嬤，臉上掛著歲月的痕跡，打著盹，似乎時間在他們眼裡已經不重要了。跟著矮牆的蜿蜒，我走進每一條小巷，老舊的門牌仍掛在斑駁龜裂的牆上，空氣中飄溢著海風淡淡鹹，我說這裡有點像金門，但更像大陸的閩南村落。追隨著鹹味的來源走，穿過仙人掌構成的矮樹叢，一片新的風光映入眼前。

港口一座、小船幾艘、汪洋一片、藍天無限，像是電影裡喜歡的情節，幾隻海鳥跳躍在堤防上。同片天空、同個港口，彷彿看得見花宅凍結的歷史，百年不變。花宅於民國 35 年改名為中社村，在世界文化紀念物基金會認定的「世界 100 個瀕臨危險的文化遺址」中，花宅聚落也被列入守護計畫的名單。關於花宅由來有兩種說法，其中一是「大、小花宅二澳與花嶼拱照，故名花宅」，另一說法為花宅因地形像一朵花而取之。花宅聚落的每一處角落，不需人工妝點，都是最天然的藝術品，聚落內的一磚一瓦，隨著歲月與氣候的無情摧殘，雖然倒的倒、塌的塌，但種種跡象中，仍然充滿著前人曾在此生活的痕跡。

花宅聚落內還是有居民，未經同意前請勿擅闖進入私家住宅喔

背景故事

望安鄉舊稱網垵，是由 19 個分散
在海面上的島嶼所組成，其中 6 個
屬於有人島。島上主要分為東安
村、西安村、中社村、水垵村等四
個聚落；在 103 年 10 月，我國網
羅了望安鄉的四個主要島嶼：東吉
嶼、西吉嶼、東嶼坪嶼、西嶼坪嶼
和周邊島礁海域，成立了台灣第
九座國家公園：「南方四島國家公
園」，本島望安島也是澎湖縣內最
大面積的離島。島上進出可藉由海
路船運及望安機場。

仙人掌冷飲店－吃冰、配海，酸酸甜甜的味道

剛下了船，就直奔港口旁的「仙人掌冷飲店」，趕緊點上了一碗麵與湯來補償胃的空洞。我點了 10 顆水餃和貢丸湯，湯頭喝起來相當清爽順口，只要不到一張百元鈔的價格，就輕鬆解決了一餐。來到望安，總喜歡吃飽後買一碗招牌的仙人掌剉冰，接著直奔位於望安島東南方的「網垵口沙灘」，吃著沁涼的冰，配著薄荷綠的漸層大海。沙灘佈滿了雪白的貝殼，吞下一口屬於夏天的鹹甜滋味，心也得到放鬆了。

位址
澎湖縣望安鄉東安村 24 之 1 號

順遊景點
望安綠蠵龜觀光保育中心、鴛鴦窟

 位址
宜蘭縣蘇澳鎮東澳里粉鳥林漁港三路

 交通資訊
開車沿著「蘇花公路」抵達《東澳》後，依循
路邊指標即可抵達粉鳥林漁港

順遊景點
東岳湧泉、台鐵東澳車站

宜蘭縣・南澳鄉
粉鳥林

駐足海角、獨享秘境的午後食光

早晨，車子行駛在蜿蜒的蘇花公路南下方向，右側是險峻高山，左側是無垠大海，我搖下左側車窗，海風與森林混合的空氣吹入車內，呼吸的空氣相當清新；遠遠的，那東澳灣的海岸線弧度很美，弧形的終點就是粉鳥林漁港，也是今天要去的秘境。太陽悄悄攀升了半個斜角，遊走在蘇花公路的砂石車逐漸增多，在這條險峻公路施工的工人也開始動作了。還沒中午，隨處就可見販售便當的小販等候在公路兩側，販售著自家最得意的便當，看得我肚子也開始咕咕作響。心血來潮隨機買了一攤看起來還不錯的便當，打算帶去海邊來個午餐饗宴。

駛離了砂石車航行的蘇花公路，沙塵揚起的情況已經少了許多，跟著田間小路的指標前進，眼前的風景越發湛藍，空氣也越來越澄淨。道路的終點彷彿來到了海角天邊，堤防長長的延伸包圍著港口，原本幽暗的肉粽角被日光照得雪白。浪花拍打，不絕於耳，這就是傳說中的海角秘境「粉鳥林」。

坐在堤防上，打開了便當，飄出的加工香氣填充了這裡每一吋空間。雖然時序是炎夏，但山谷裡的風，帶來的是沁涼。我扒著的每一口白米，它混合著心裡的恬，心境一換，什麼都是美好的。在我筷子游移在便當中，對比一旁釣客拋竿游移在大海之上，拋竿的瞬間彷彿煩惱也拋出去了，喧擾隨即沉入海底。一艘漁船出海揚起了一陣波瀾，聲調是如此輕揚瀟灑，在海水湛藍的粉鳥林漁港劃出了一條雪白浪花。

風從太平洋上緩緩吹來，舒服的光線、溫柔的海風，港內潮水清晰得可以。水下的小魚兒悠游著，對城市的人來說，粉鳥林是個漂亮的秘境天堂，對當地人來說，這樣的風景他們日日都可見，早習以為常。而我好像置身了明信片風景一般，享受著這片透明而動人的海。偶爾這樣隨意的駐足也是種享受，看看眼前的風景，心情也隨之開闊了起來。

蘇花公路轉角處就可以看見東澳灣的美麗景致

粉鳥林漁港是許多釣客的小秘境，這裡是搭乘大眾交通工具無法抵達的地方

點

屏東縣・滿州鄉
港仔沙漠

 位址
屏東縣滿州鄉港仔村港仔大沙漠（九棚大沙漠）

 交通資訊
目前港仔村無固定公車行駛，欲搭乘大眾
運輸工具的朋友可搭乘「屏東客運」、「中
南客運」、「國光客運」直達往墾丁的班
車至《車城農會站》下車，最後再轉乘計
程車。或搭乘至《恆春總站》後租乘機車、
汽車沿著屏東「200縣道行駛」約一個小
時即可抵達港仔村

 順遊景點
出火風景區、佳樂水風景區、東源水上草原、旭海大
草原、哭泣湖、牡丹水庫

各種叮嚀：

港仔大沙漠是著名的飆沙勝地，有許多經營飆沙的業者，
若有興趣體驗飆沙刺激活動的朋友，可抵當地後詢問店
家。

失落沙洲、演變成百年孤寂的味道

天氣放晴，墾丁的艷陽又探出來了。一杯咖啡，散發出的香氣讓瞌睡蟲無法作怪。昨晚閱讀的明信片，那最後一行淡掉的筆跡彷彿是晨間下起的一場大雨，掉了的內容，淡不掉的回憶。

開著車，經過了滿州鄉的指標，尋找回憶裡那段瘋狂的荒漠。陽光持續灑下熟悉的溫柔，南風總是關懷著，海水總是問候著，溫暖著每一個來到國境之南的旅人。我開著車，蜿蜒的道路抹上了兩條雙黃線，兩旁發出鮮綠的森林、右側蔚藍的海洋、上頭無限的天空黏著潔淨的白雲，幾隻飛鳥現身天際邊歌唱，車窗框住的組合剛剛好，色彩濃得化不開，視野開闊讓人忘了一切的煩擾，「這是一幅畫吧！」我這麼說。

南風颳起鹹鹹的沙，覆蓋住鮮明的風景，我又回到南國最幽默的地帶了。台灣這座看似華麗的島國，卻擁有一座「沙漠」正悄悄醞釀著孤寂。港仔風沙大得可以，我瞇著雙眼失了焦，踏過了柔軟的沙土，荒漠築起的幽默感，像掉進了一個凝結的時空。巨大的枯樹矗立在山丘邊緣，流沙一點一滴的與時間合作淹沒了它。港仔沙漠散發出的孤寂讓人倍感害怕，彷彿無言在這裡點了一個逗號，寫下了名為侵蝕的詩篇，任何色彩到此都失去了華麗。走過一次沙漠，時間偷走了一切，如果這就是世界的盡頭，我們與萬物之間，都只是浮生一撇。

背景故事

港仔沙漠位於港仔村海邊，由於長期河口的沙子堆積，加上東北季風吹拂，形成像是沙漠一樣的特殊地形。因受東北季風影響，地形不斷改變，風吹所產生的沙紋搭配枯死的木麻黃，成為相當獨特的景色。來到港仔盛行乘坐吉普車的方式飆沙，改裝過後的吉普車很適合在沙地奔馳，相當驚險刺激，也會有當地業者隨行負責導覽沿途沙地景觀。

港仔沙漠起風時刮起的風沙相當驚人，建議戴上能夠保護眼睛的眼鏡再來

霧台每個部落內都會有一個星星符號的標誌，入夜後會燃起燈光，是一個部落的精神象徵

 位址
屏東縣霧台鄉大武村

 交通資訊
大武部落無法以大眾運輸工具到達，
不熟路況者，建議先開車至《霧台鄉公
所》，再搭部落接駁車前往

 順遊景點
大武溫泉、巴冷公主遺跡步道

各種叮嚀

進入霧台地區需在管制站做入山登記，記得攜帶身
分證等證件登記。颱風季節或連續大雨過後不建議前
往霧台地區旅遊，入山前請先致電至管制站道路詢問是
否暢通。由於部落內保有當地的規矩及傳統，千萬要保
持嚴肅、尊重、謹慎的心態來參觀才不會冒犯到當地居
民。

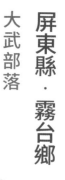

屏東縣・霧台鄉
大武部落

星光精神、重建後新翻泥土的味道

一朵白雲依偎在青山的懷抱上，陽光闊氣的灑下一道道金黃光芒，眼前的風景色彩頓時亮麗了起來。我開著車沿著山稜線前進，到熟悉的霧台檢查哨，老樣子還是得做入山登記，通過了檢查哨之後，接下來的風景，美得讓人目不轉睛。

剛過了神山部落不久，一個小小的岔路向山下蜿蜒，我們把車子駛進了這「不像道路的道路」繼續前進。一路上相當顛簸，讓人難以想像這樣的道路尾端隱藏著一個「大武部落」。莫約 20 分鐘的車程，終於來到了大武部落，整村範圍不大，卻有 156 戶、7 百多人在此生活。猶記當年的八八水災，大武部落幾乎被毀壞，讓族人一度無法再回到部落裡生活，頭目的家也被土石流沖毀，許多部落的文化資產和象徵部落精神的物品全都掩埋在土石之下，頭目傷心不已，甚至起了遷村的念頭。但大武部落的居民不願意遷居至永久屋，認為這裡才是他們的家，於是他們做好了「部落共識」，在災後重建了頭目的家，相繼成立「獵人文化館」和「小米故事館」。

族人努力延續自己的文化，秉持著先做部落的重建再做個人的重建，因為他們認為「回家是整個部落的事情」，重建後，大武部落目前已發展出「文化生態深度旅遊」，不做商業行為也不隨便接團、接客，秉持著自然不造作的態度，不因為遊客的需求而改變自己，因為他們認為「整個部落就是一個文化」，必須完整呈現部落的生活形貌才叫文化的呈現。

村長替到來的遊客都戴上了羊齒蕨編織的花冠表示歡迎。每個部落的迎賓儀式不同，大武部落的迎賓儀式先由村民們手牽手一起唱了幾首歌歡迎大家，接著由村長替我們帶上了由羊齒蕨編織的花冠，村長笑著說：「這些花冠是新鮮的，早上剛編好的啦。」並接著表示，花冠就像是你的身分証一樣，外人來到部落一定要戴上花冠，一方面可以讓族人辨別是客人，一方面也是種歡迎的表示。大武部落的人們，每個人臉上都笑臉迎人，讓來到此的遊客都充滿了溫暖的感覺。大多的部落族人都非常歡迎遊客及喜歡原民部落文化的朋友前來參觀。

每個部落都有屬於它自己的一種個性，在八八水災過後，回家的路被沖毀了，有些部落更是被摧殘，但仍有一股力量藏匿在青山綠水之中，那就是象徵「希望」的星光。

霧台谷川大橋在八八風災後竣工，是台灣第一高的橋樑

特別活動拜訪霧台時會有族人編織的桂冠，表示族人的歡迎、也是代表自己為貴賓的象徵

背景故事

霧台的平均海拔 1000 公尺以上，年均溫約 17 度左右，有白雲的故鄉之稱，是屏東最深山秘境的鄉鎮。霧台總共有六個部落，總人口約三千多人，是屏東縣海拔最高點之行政區域，也是屏東縣唯一的魯凱族部落。伊拉部落旁是花了 1023 天拔地而起的「谷川大橋」，是台灣最高的一座橋樑，也是八八風災後霧台重生的象徵。

村內居住一位年紀接近百歲阿公，是台灣
僅存幾位有出草過的獵人

神山部落－石板砌成的味道

霧台傳統的房子大多都是岩板組合而成的，少有些比較新的建築是以水泥、鋼骨架構建成。續沿著道路，我們來到了「霧台基督長老教會」。以當地特產的石板、大石頭為石材建造，由村民共同努力，以三年的時間完成，是部落族人團結的心靈象徵。教堂上的三角屋頂原木組合十字架旁，有兩位白衣天使身體前傾，面對面吹奏著金色號角；教堂中段放上了魯凱族人合作勞動的雕像，象徵了凝聚族人的感情與心血，看得出教堂對於霧台人的重要性。霧台長老基督教會是由霧台村居民合力「純手工」打造的，原有的舊教會只能容納百人左右，因此族人發願要蓋一座新教堂，最後教會存了五十年，得到八百萬的基金，至此才進行新教堂的建設。 新完工的教堂宛如電影中的奇幻城堡，石材的紋路與質地使教堂顯得磅礴壯闊，神聖而莊嚴的外觀大大攫住了我的雙眼，讓人心生崇拜。

 位址
屏東縣霧台鄉霧台村神山巷 73 號（霧台鄉公所）

 交通資訊
目前霧台並無公車行駛至各部落，建議欲前往者可從屏東車站租乘機車或開車從「南二高」下長治交流道，銜接「台 24」線經三地門一路前往

 順遊景點
地磨兒公園、三地門部落、禮納里部落、台灣原住民族文化園區

各種叮嚀：

前往霧台的台 24 線省道公路設有管制站，進入霧台須辦理入山登記。而公路也時而會因雨勢關係進行安全性封閉，欲前往者請先上霧台鄉公所查詢相關公路資訊。

小米愛玉－神山獨有、甜蜜蜜的滋味

來霧台鄉神山部落必吃「神山愛玉」，是霧台最天然的美味。它也是天下雜誌的微笑聯盟商店之一，老闆娘十分親切的迎接每位遊客。在這裡非常推薦招牌檸檬愛玉與金桔愛玉，尤為有添加小米的愛玉，這是別的地方都吃不到的獨家特色。神山愛玉 2 樓設有觀景台，據說雨後看出去的風景常常可以看見雲海的壯闊景觀。隨意找了位置坐，享受這種視覺與聽覺的感官饗宴，對於來自都市的朋友來說，都是種享受。

 神山愛玉
屏東縣霧台鄉神山巷 16 之 1 號
(08)790-2418

位址
花蓮市玉里鎮觀音里 14 鄰高寮 275 號（赤柯山
小瑞士農場）

交通資訊
因赤柯山無公車可抵達，欲前往者可搭乘
台鐵至玉里車站後轉乘計程車。或自行開
車沿著「台 9 線」287K 東側轉入，循指
標即可到達

順遊景點
舞鶴北回歸線塔、舞鶴觀光茶園區、台鐵東
里車站

花蓮縣・玉里鎮
赤柯山金針花

各種叮嚀：

去過了富里的六十石山，對比玉里的赤科山，我認為赤科山著
重的是欣賞花朵排列成地毯的感覺，而六十石山的縱谷風景則比較
強烈一些，屬於比較震撼的大景部份。這兩者的風景各有優劣，就
看欣賞的人想看的是哪種的景緻了。

116

金色花海、風和日麗的壯闊景味

風吹呀吹，白雲走得好快。午後跟隨著白雲的腳步前進，我攀上了赤柯山那端。縱谷的山脈綿延不絕，整片深藍色的天空，看得讓人發懶，瞧那幾朵白雲也不想離開，緊緊貼在山的懷抱中，在赤柯山上的風景，陽光都格外閃耀。

一陣夏天的風吹來，暑氣也悄悄的離開了自己，高山上的空氣好是清新。小徑蜿蜒進入了藍天下的山稜線，隨著風與陽光的調配，每一朵忘憂草綻放出最美的姿態，黃色的花瓣積少成多，形成了滿地的金色花毯，柔軟覆蓋在山的懷裡，在陽光跟著白雲躲貓貓、忽晴忽陰之間，不同深淺的光影層次讓這花毯更加迷人。一朵金針花從萌芽到盛開，需要耗時約三年的時間，而一朵金針花最燦爛的開花卻只有從日出至日落、一天的時間；每年八月中旬過後至九月中旬是金針花滿開的季節，而這段期間也是我最喜歡來花蓮旅行的季節。除了氣候穩定之外，最重要的是可以上山避暑，順道賞這一整片隨風搖曳的金色花海。

金針花滿開時道路兩旁
金黃一片，相當漂亮

金針花又稱忘憂草，一
大片花海看久了讓人有
療癒的心靈感受

隨著光影的變化花毯也呈現不同的層次之美

玉里橋頭麵－一碗玉里人記憶中的蔥油香

玉里有三寶，其中一寶就是來玉里必吃的玉里麵。玉里街上到處都有販賣玉里麵，但想品嚐到最道地的玉里麵，就屬這家「玉里橋頭麵」最為有名。店家雖然只賣簡單的麵、米粉與小菜，卻以祖傳湯頭秘方及大骨熬湯深得人心，開業經營已經超過六十個年頭，許多玉里人都是吃這間玉里麵長大的。

每個人來這裡都會點上一碗必點招牌麵，以慢火熬煮多時的大骨湯、加入香Q的麵條，最後拌上肉醬與爆香過的紅蔥頭，這就是俗擱大碗、份量十足的美味玉里麵。如果天氣太熱，湯麵之外也有乾麵可以選擇。

 玉里橋頭麵
花蓮縣玉里鎮中正路 126 號

順遊景點
17：30 － 23：00（每週三公休）

120

浪花與汗水的鹹鹹懷抱

「若不是為了掙點錢過生活，誰會願意在寒風中、浪花中冒著生命危險不睡覺，跑來海邊捕鰻苗。」其中一位大哥跟我說。

入夜後的靜浦，都已經五月下旬，從北方南下的鋒面依然倔強，捲了一陣陣雨水落在台灣這塊土地上。飄著微雨的夜晚，秀姑巒溪出海口有一群人不畏風浪與寒冷，用一盞盞探照燈，在漆黑的海口處排列出一道星空，一閃一閃的珍珠光芒，都是一個人在浪花中「捕鰻苗」。

花蓮縣・豐濱鄉
秀姑巒溪
出海口捕鰻苗

台灣東部因黑潮流經，許多季節限定的大量洄游性魚苗及鰻苗，會隨著潮流來到台灣。入夜後的海風冷得讓人打哆嗦，但只要天氣允許，這群人便會穿上青蛙裝，套上雨衣，掛上探照燈，不畏寒風，不畏夜的漆黑，不畏浪的洶湧，站上浪花的舞台。從東海岸的北頭城蘭陽溪出海口一路往南至花蓮秀姑巒溪出海口、台東金崙溪出海口等地，都可以看見捕鰻苗人的蹤影，這也是台灣宜蘭、花蓮、台東地區特有的討海工作。

但為何要在深夜中做這樣的事情？原來是鰻苗白天大多是躲在沙地中，只有晚上會出來覓食，加上鰻苗本身有趨光性，於是漁民利用探照燈一方面照明、一方面去誘捕鰻苗。依照鰻苗品種不同，市場價格也不同，如抓到基本的鱸鰻苗一條大概可售價 1 至 2 元，白鰻苗一條可以賣到 45 元，而運氣好一點的抓到黑鰻苗，則可以賣到更高價錢。如果收穫好，一個晚上下來可以賺到五千多元收入回家，貼補現金來養家活口。而有些遠從其他部落來的人，也會隨著魚群迴游，在魚苗最多的日子於海邊紮營露宿，希望能夠多一筆收入好生活。

看著一群人頂著黑夜與寒風，在出海口捕撈著這些魚苗，在浪花中撐起了勝利 V 字型的白色捕夢網，就如生活在都市的我們，日日看著打卡鐘上班，這些仰賴季節性漁獲的居民，則是看著潮汐吃飯。靜浦有太陽的故鄉之稱，這些捕鰻人也如同家中的溫暖太陽，在浪花與汗水的鹹鹹懷抱中，養活了一家子人。

 位址
花蓮縣豐濱鄉秀姑巒溪出海口

 位址
台東縣蘭嶼鄉東清部落

 交通資訊
可從台東機場搭乘飛機至《蘭嶼機場》（航
程短、但價格相對高昂），或從「台東－
富岡漁港」及「恆春－後壁湖漁港」搭乘
快艇至《蘭嶼開元港》（航程時間較長、
若遇到天候不佳可能會取消班次），抵達
後會有蘭嶼當地民宿業者接送至各下榻飯
店
詳細蘭嶼旅遊資訊請洽：蘭色大門 http://
travel.lanyu.info/

 順遊景點
情人洞、蘭嶼氣象站、美亞美早餐店、軍艦岩、
雙獅岩、或隨處找個發呆亭吹風

台東縣・蘭嶼鄉
東清部落

各種叮嚀：

東清灣是台灣最早迎接第一道曙光的地方，也是許多攝影師捕捉日出畫面中可以帶到拼板舟
和飛魚祭的最佳地點。若是像我一樣比較會賴床的人想拍日出，可選擇住宿在鄰近東清灣的
野銀、東清兩個部落。蘭嶼住宿最便宜的價格是落在一人 400 元／日，通常不含早餐，島上
機車公定價是一台 500 元／日，大多民宿都兼有機車出租（不包含在住宿費用內），出發前
最好還是詳細問清楚內容會比較保險。

關於攝影，蘭嶼人有著自己的禁忌，在未經過許可同意之下，請勿任意拍攝人或島上居民的
私人財產（包含建築、料理、藝術創作品、島民活動、小朋友、甚至曬在外面的飛魚干）。

山羊抬頭、喚著日出的部落原味

「蘭嶼是人之島」，那掛滿歲月紋路的耆老跟我這樣說。愛上蘭嶼不是因為這座島上有多好玩，而是這座島上有許多美好的事物，足以讓我花時間慢慢的去思索、探訪。在 2012 年第一次踏上這座島嶼，就深深的愛上了它，接續後來的三年夏天，我年年都來蘭嶼報到。有人說蘭嶼是散落在太平洋上的一顆珍珠，靜靜的在蔚藍大海上閃耀，它因為質樸而迷人，因為原始而讓人留戀。「蘭嶼是全台灣最早看見曙光的地方」，每當跨年前總是在電視新聞聽到這樣的訊息，而我追隨著這樣的感動，來到了蘭嶼。蘭嶼島上居民大多為海洋民族中的達悟族人，火山島的地勢險峻，島嶼最高峰之處甚至比台北 101 還高，平坦的地方不多，卻孕育了無數個世紀的故事。六個部落由一條環島公路串起，分別有著不同的風情與習俗，繞行島一圈約 37 公里，說大不大、說小也不小，若騎乘機車悠閒行進，約 90 分鐘可環繞全島，而且因為只有一條路，所以要迷路也很難。來蘭嶼若是要看日出，最棒的地方還是在東清部落的東清灣。

夏天的日出時間比較早，六月底的日出都在清晨四至五點左右。在天光未亮之際，藍幕覆蓋在蘭嶼島之上，海浪與海風正合唱一首協奏曲，山羊老大領銜的羊群與我擦肩而過，自然地跳躍在險峻的熔岩峽灣上。忽然之間，山羊老大的頭一仰，天光亮了。太平洋的那端乍現出一道雪白，曙光從雲層後端流瀉而下，一抹金黃照得海岸燦爛無比，浪花變成鑽石，浩蕩的撒在海岸上。鵝黃色太陽緩緩掛在海中央，山羊群們在日光前變成一道道最生動的剪影，彷彿是山羊群一同喚起的日出，充滿生命力的感動就在眼前發生。

背景故事

蘭嶼主要分為小蘭嶼與蘭嶼本島，小蘭嶼是無人之島。而蘭嶼本島上共分為：Yayu 椰油村、Iraralay 朗島村、Iranumilk 東清村、Ivarinu 野銀村、Imourud 紅頭村、Iratai 漁人村，大多島民以「部落」來表示我們所稱呼的「村」。

許多相機廣告在蘭嶼取景皆取自於東清部落

東清灣－薄荷海上划輕舟

第一年到蘭嶼旅行，純粹是被這座島的人文吸引而來，當時探訪的多為村落與當地達悟族人的會談。隔年再度造訪，發現蘭嶼正漸漸轉變中，觀光型態開始蔓延在這座純樸的島嶼上，直到第三年，蘭嶼真的不太一樣了。其中我認為最大的不同則是開放拼板舟體驗，到蘭嶼不再是只能單純與拼板舟合照，而是真的可以讓觀光客划拼板舟出海。

到蘭嶼划拼板舟是這幾年極力推廣的島上觀光活動之一，在蘭嶼島上的各大港灣幾乎都可見拼板舟體驗的招牌。通常為三人一組，為了保持平衡，必須在拼板舟的前後兩端坐人，由中間的教練划船解說。划在這片如畫一般的薄荷海之中，心情難免興奮，但海上看似平靜，教練說這海底可是有 5 層樓這麼深。在拼板舟體驗過程中，海水也會不斷潑入船中，此時坐在前後端的人，重責大任就是要把水快速地舀出去，否則拼板舟很快就會泡水了。

蘭嶼的年輕人想改變島上的工作型態，而老一輩的蘭嶼人卻堅持依循傳統，雙方在互相牽制之下，導致蘭嶼的觀光發展比起鄰近的綠島、小琉球而言，是稍微落後了些。該如何讓傳統風情與觀光營收互利共存在這座島上，想必是蘭嶼人日後最重要的課題吧！

交通資訊
從台東富岡漁港搭乘開往蘭嶼的快艇抵達開元港，夏日偶有三角航班（台東－蘭嶼－綠島）路線，可搭配綠島旅遊組合為一系列行程

或從台東機場搭乘德安航空的航班皆可抵達蘭嶼

各種叮嚀：

1. 掛有羽毛的拼板舟有經過儀式加持，一般人不可以隨意搭乘與碰觸。拼板舟體驗的商家多有與民宿搭配套裝行程，有興趣的朋友在抵達蘭嶼後，可以先詢問民宿是否有配合的拼板舟體驗商家。
2. 蘭嶼划拼板舟體驗採公定價格，因此可選擇一個自己喜歡的港灣，再打電話去預約時間，待約定好的時間到港灣等候，就可以準備出海了。
3. 蘭嶼的民宿大多只接受三天兩夜的訂房住宿，出發前建議先做好詳細功課。

東清灣的海水透明到好像拼板舟是浮在空中一般

拼板舟上的圖騰及色彩分別代表不同的涵義及故事，有興
趣的朋友不妨請當地解說員好好的分享一番其中典故

台東縣・鹿野鄉
鹿野高台

 交通資訊

搭乘台鐵至「臺東火車站」及「鹿野火車站」後，可轉乘「台灣好行」或「鼎東客運」可抵達《鹿野高台》，熱氣球嘉年華開辦時會增加班次（詳情依現場公告為主）

活動位址：臺東縣鹿野鄉永安村高台路 46 號

 順遊景點

關山親水公園、伯朗大道、紅葉部落、台東原生應用植物園、初鹿牧場、山里車站

各種叮嚀：

觀賞台東熱氣球自由飛行時間大多為早上六點至六點半之間。因夏日氣候關係，風大、天氣過於炎熱或午後熱對流降雨影響，都會干擾到熱氣球起飛的情況，因此下午場取消活動的風險較高，建議選擇在上午場觀看。（活動詳情依現場公告為主）

熊熊火焰燃燒、夢想高升的味道

清晨四點，天還沒亮，縱谷的公路跟我的眼圈一樣黑得可以，即便是睡意再深，我們還是趕在光線跨越山稜線之前抵達了鹿野高台。當陽光緩緩地從山脈一端升起，我坐在綠油油的草地上，那一片晨霧，在陽光溫熱後隨即消去，風徐徐的減去了我的睡意，油生了一點早起的幸福感。各式熱氣球如一片片繽紛的碎布般攤平散落草地上，彷彿還看得見布面的繽紛圖案。藍色的小卡車忙進忙出載進了一簍簍竹籃，那火焰聲不絕於耳，再等待一刻，夢想即將隨之起飛。

直到陽光高升至斜射角，微風緩緩吹著，各式各樣的熱氣球努力吸收著火光的熱氣，盡力填飽那大大的肚子，許多吃飽的熱氣球像是柔軟的水草，搖頭晃腦地在高台上擺動著，蓄勢待發。活動主持人還沒發號施令，幾顆熱氣球儼然耐不住性子，已悄悄起飛翱翔。當第一個熱氣球升起，接著第二個，接力式的起飛，點綴了原本空蕩的藍天，心裡好多感動油然而生。來自世界各地的熱氣球及台灣自行製造設計的熱氣球在天空中翱翔，搭配著遠方的青山與白雲，眼前風景美得一蹋糊塗。我喜歡看熱氣球高飛，它讓人有充滿希望、夢想與自由的意義。每當看到熱氣球起飛，彷彿載著我的夢想起飛一樣，把生活的目標又提振了起來。

台東是台灣舉辦熱氣球活動的始祖，從第一年舉辦到至今，年年活動越來越盛大，即便是各縣市搶著效仿舉辦熱氣球活動，始終瓜分不了台東熱氣球嘉年華這塊響亮的名號。

加路蘭－那年夏天的太平洋風味

離開了台東市區，沿著台11線北上。剛過了小野柳風景區，視野突然一片蔚藍遼闊，這裡是「加路蘭」。加路蘭遊憩區以地層翻轉著稱，在阿美族語稱為「kararuan」，附近以阿美族部落為主。因緊鄰小溪，早期的阿美族人常來這裡洗髮，溪水中富含許多黏地礦物質，洗後以自然潤濕亮麗而得名加路蘭，意指族人洗頭的地方。

雖然距離小野柳不遠，但地形面貌卻是大不相同。在加路蘭可以飽覽風景，可眺望都蘭灣、都蘭山、小野柳；天氣晴朗時，還能吹著太平洋而來的鹹鹹海風，看見綠島在太平洋的那端對著自己微笑。

第三章

秋風昇起

9—11月

《滄桑輪廓，藏海一片深秋》

抽屜掉出的那張老照片
雨水翻出年輪故事，滴答成一杯苦澀茶
泛黃的景緻，我哼著一首老歌緬懷

相本封存的那張老照片
巷弄裡那間小茶館，歲月正緩緩的回甘
好茶一刻，文藻一壺，樹又悄悄的染紅了

交通資訊
搭乘台北捷運「文山木柵線」（1號棕線）至《大湖公園站》下車即可抵達

順遊景點
美麗華百樂園、劍南山、大直河濱公園、碧湖公園、碧山巖、郭子儀紀念堂

台北市・內湖區
大湖公園

城市中的淨土、在湖邊吐納一口新鮮

台北，悠閒似乎無法與這座城市畫上等號，大廈一棟棟拔地而起見證時代的發展，穿梭街道的車潮，時間也從身邊擦肩而過，而這座城市也漸漸失去了些寧靜。

星期一上午八點，一抹日光灑落在街角的咖啡廳。影子拉著我，在綿密的捷運路網中想找一理想的避風港。從忠孝復興站轉乘，我帶著自由往上，人們帶著疲倦往下去，電扶梯交錯的人們，同樣的一天，不同的心情與方向。小小的馬特拉車廂是文湖線的特色，車廂內滿載著忙碌的人們，著西裝打領帶的上班族在南京復興下了車。駛過了林立的樓群，列車一瞬間鑽進了地下，許多提著行李的人們在松山機場起飛。看書看到打瞌睡的學生差點錯過了大直站，轉眼間看見了摩天輪，主婦不提百貨公司提袋，改從市場拿著新鮮蔬菜一袋。非假日的台北流浪，人們都還在忙碌工作，而我卻恣意漫遊在這忙碌的大台北，或許這班列車上也會有像我一樣的旅人，正找尋著台北最靜心的風景吧。

時間跟著捷運的時速流動，步出了大湖公園站，一陣風吹得讓人思緒清晰了些。影子繼續跟著我走在蜿蜒曲折的人行道上，光線穿透蒼蒼大樹，綠草如茵隔絕了喧囂；蟲鳴哼唱，鳥叫聲不絕於耳，呼喊著這裡是屬於牠們的一塊秘境；日麗風和，湖畔邊推著嬰兒車的媽媽們正聊著今天下午茶的行程。那水邊綠頭小鴨幾隻，凝望著岸上被瞌睡蟲附身的阿伯，那釣竿還握在手上，似乎忘記了自己還在跟魚兒鬥心機。

青山倒映在綠水之上，潔白的錦帶橋，在靜水上畫成了微笑的表情；秋風拿起五顏六色的自然調色盤，持續在樹木上塗鴉，換了樹葉的色彩；我坐在湖畔的長椅上，讓陽光覆蓋了我，愜意的空氣、風吹的沁心，寧靜得彷彿隔絕了台北喧囂，若不是天空的白雲還在流動，我還以為時間都停止了。一陣聲響劃破了寧靜，原來是遠方的高架橋上有一列文湖線捷運列車駛過，森林與湖畔的景致，讓人好像抽離靈魂到了歐洲，難以想像才幾分鐘的時間，就遇見了這樣的美景，特別讓人著迷。原來秘境就在我們的生活裡。

背景故事

大湖舊名十四份坡，因白鷺常聚集成群在此而又稱「白鷺湖」，是台北市最大的大型湖泊之一。興建於 1979 年，採中國園林式設計，是內湖的地標。大湖公園中的錦帶橋在 2014 年由國外網站「boredpanda」發起全球各地「仙境之橋」網路票選，一度獲得第一名，最後仍敗給了德國。

錦帶橋曾在世界全球美橋票選中脫穎而出暫居第一

公園內相當幽靜，偶然一台文湖線列車駛過時才勾起一陣喧擾

位址
台北市內湖區連結新明路和松山區饒河街

交通資訊
搭乘台北捷運「松山新店線」（3 號綠線）
至《松山站》或台鐵至《松山車站》，步
行約 10 分鐘即可抵達彩虹河濱公園

順遊景點
松山車站、五分埔商圈、信義區商圈、彩
虹河濱公園、饒河街觀光夜市

各種叮嚀：

彩虹河濱公園 LOVE 字樣，裝置了給情人專屬的上鎖
鐵網，有興趣的朋友不妨帶上一個鎖頭與情人一起
鎖住愛情吧。

台北市・松山區
彩虹橋愛情廣場

乘著微風、揮灑青春的戀愛滋味

陣雨後放晴，突然想看彩虹，從大佳河濱公園騎著 YouBike 穿梭在河濱公園單車道上，感受著夏末轉秋最後的溫柔。一旁擦身而過的人們，用慢跑享受汗水淋漓的痛快；遠方球場上，打著籃球的少年們用熱血燃燒青春；蜿蜒的基隆河乾淨而美麗，透徹的河水可以看見成群悠游的魚兒，小小的烏龜臥在石頭上打著瞌睡，正享受秋天難得的晴朗；沿途大樓與自然風景交錯，變化之快，讓人驚奇。基隆河是淡水河系重要的航運河流，在基隆河截彎取直之後，釋出大片的綠地，自行車道更是一路延伸到汐止。河濱公園內有著許多親民的設施，如親水步道、自行車道，還有好幾座壘球和網球場，常見許多人沿著河濱公園散步逗留。美景當前，總是讓人忘了時間，終於我也騎到了彩虹河濱公園，而那天色也逐漸擦黑了。

夜色擦得漆黑，城市的霓虹燈光卻擋住了星光的燦爛，瞳孔也似乎習慣了這樣的玩笑。一個人在晚風吹起的河濱公園畔，身邊似乎少了很重要的事物，直到迎面而來的情侶提醒了我，原來身邊少的是一個伴。還記得阿桑唱的「葉子」，歌詞第一句提到「愛情，原來的開始是陪伴」。一個人走在河邊公園是自在，兩個人走著叫浪漫。在愛情廣場設立後，搭配那座橫跨基隆河的「彩虹橋」，彷彿是牛郎與織女相會的橋樑，夜晚總是吸引許多情侶前來此約會，讓台北美麗的夜景催化兩人的愛情。我相信，喜歡是一種很簡單、很直接的感覺，不需裝飾，不需美化，彩虹河濱公園正是我最喜歡的一個河濱公園，每每心飄到了這裡，腳步都會不自覺的放慢下來。

背景故事

彩虹橋鄰近著名的饒河街夜市，當初興建是為了方便兩岸的居民可以透過此橋通行，不用繞一大圈才能抵達對岸。由於彩虹河濱公園的腹地相當遼闊，視野無任何屏障，被評選為十大欣賞台北跨年煙火的好地點之一。每到跨年期間，彩虹河濱公園就會開始湧入人潮，只為了欣賞 101 美麗的煙火。

在基隆河的倒映下，彩虹橋好像是台北市中的一抹微笑

 位址
台北市大安區信義路 3 段 100 號

 交通資訊
搭乘捷運「淡水信義線」（ 2 號紅線 ）至
《大安森林公園站》下車即可抵達

 順遊景點
大安森林公園、永康街商圈、中正紀念堂、
公館商圈、台灣大學、敦南誠品、東區商
圈

各種叮嚀：

捷運站內的水舞廣場定時有水舞表演，晚間搭配光影，
讓整個捷運站有不一樣的華麗氣氛。

台北市·大安區
大安森林公園站

城市之肺、解繁忙步調的渴

台北捷運路網每開通一條新的路線，就會引起一股旋風。興建許久的信義線終於開通，這條從海口一路連接進入盆地山腳的信義線宛如城市的一條大動脈，傳輸著台北上萬人的每一天生活。淡水線與原本相愛多年的新店線徹底切割，營運路線轉換成了淡水信義線。

車輛進站，下班時間的車廂一如往常載著台北的擁擠，廣播聲催趕著人們上車。搭上新開通的信義線，從中正紀念堂分支，一路開往終點站象山，連車站內的空氣彷彿都是清新的。象徵熱情的紅色，在大安森林公園站打了一個圈，隨著列車，新設立的大安森林公園站載來了無限的旅人。一個宛如機場等級般的車站廣場窗明几淨，「這真的是台北的捷運站嗎？」讓我發出了讚嘆。

捷運站的廣場，有別於一般封閉式的樣貌，高挑設計的空間，大片玻璃帷幕整齊排開，能在白天將自然陽光引入站內。入夜後路燈穿過帷幕透出幽光，長廊宛如時空隧道一般，變成最美麗的玻璃寶盒，整個捷運站體散發出一種夢幻和未來感的氣氛。站在廣場，看得到窗外的天空，讓人心胸彷彿也開闊了一些。兩側如玻璃溫室般的光塔，是捷運站的出入口，建築與噴水池之間倒影略顯華麗。水舞韻律的表演，讓許多路過或是特別前來大安森林公園的旅人都停下腳步欣賞。

下凹式的地下車站是台北捷運大安森林公園站最大的特色，半露天庭園，活潑的台北樹蛙在潺潺細流的水幕旁高聲唱著，呼應著一旁的大安森林公園，把台北的多樣與純粹都貫徹在捷運站裡了。信義線融入了許多建築師的巧思與想法，站站發展出不同的特色，讓捷運站不再只是通勤用的交通工具，也蘊含更多的藝術與當地文化歷史，讓這些後來加入的新據點連成一個大型的公共藝術作品，讓台北在國際上又更有不同的城市亮點。

142

 位址
台北市萬華區廣州街 211 號

 交通資訊
搭乘捷運「板南線」（5 號藍線）至《龍山寺站》下車；或搭乘台鐵至《萬華站》下車後，步行即可到達

 順遊景點
剝皮寮老街、青草巷、華西街觀光夜市、西門町

台北市‧萬華區
艋舺龍山寺

背景故事

艋舺龍山寺也稱萬華龍山寺，興建於 1738 年，是目前台北市定的古蹟之一，也是許多國外遊客旅行台灣必訪的景點。龍山寺因香火鼎盛間接帶動了周邊商圈的繁華，許多店家和攤販皆以龍山寺為中心點擴出發展，尤其是巷弄內隱藏著許多的特色小吃店，更待旅人前來探索。

爐煙裊裊、滿載虔誠的捻香味

一個晴朗的午後，有種想旅行的衝動，台北的交通隨著捷運路網四通八達，很是方便。揹著相機，沒有計畫，搭上了人潮擁擠的板南線，來到了捷運龍山寺站。回憶起歷史課本上的台灣，老師常常說：「一府、二鹿、三艋舺」，這也是台灣人熟知的古諺，用來形容早期的台灣三大繁華港口與城市。

小時候常聽聞家人說要去龍山寺拜拜，或許年少懵懂，對於台灣廟宇的美及文化的典故不太有興趣，直到長大後想法也逐漸轉變，進而愛上充滿古典之美的廟宇。離開了龍山寺捷運站，廟前廣場上的人潮洶湧，廟埕樹下幾位老人家圍在一起下棋，臉上掛滿歲月洗刷的痕跡；三川門左側有阿婆穿梭其中，奮力地賣著一串十元的玉蘭花。龍山寺不僅僅是信仰的集散地，更是許多人養家的立足點。走進龍山寺，陽光灑落在瓦隴之上，橘色的屋瓦在藍天下更顯飽和。三川殿那對銅鑄的蟠龍柱，伴隨著晨鐘暮鼓，走過了好幾個春夏秋冬。前殿信徒湧入、大殿清香裊裊，後殿與護院跟前者合成一個瘦長的「回」字型，完整表現出東方人的建築美學。

有拜有保庇，我投下了香油錢，拿了幾柱香遊走在這被薰陶過的走馬廊之中，時光流逝，但數年來不變的是虔誠的信仰。兜了一圈，把寄託留在香爐內，手指也染紅了一小截，成為神明與我約定的烙印。

位於龍山寺旁的街弄內可以找到許多古早味的小吃攤

剝皮寮老街－持續發光的老樹輪廓

街景改變、人事已非，巷弄裡那棵大樹仍守護著剝皮寮老街，它不說話，卻在風雨之間，靜靜守候。我認為樹是一個地區的精神象徵，「前人種樹、後人乘涼」這句諺語家喻戶曉，每　個村莊、聚落都有一棵率動著世代記憶的老樹，不論是樹下下棋的光陰，或是騎單車乘涼的午後，這些老樹聯繫著人們之間的情感，而剝皮寮也不例外。萬華區舊稱為艋舺，是台北最早開始繁榮的區域，雖然台北已經發展成一個國際都市，但西區的萬華仍保留許多老舊社區及古蹟與老樹，新舊之間相互共存，紅磚與綠葉在陽光照拂下依舊。

在國片電影「艋舺」中，許多片段取景於剝皮寮老街位於康定路 173 巷的畫面，因此讓剝皮寮老街聲名大噪。老街內的建築混合著閩南式及西洋巴洛克式的獨特紅磚瓦，它橫跨清代、日據、民國等三個不同的時代，綜合了不同時期的建築風格。許多頹圮的老宅，歷經整修，讓我們有了與古人零時差的感動。

老街內依然留有拍攝電影艋舺中的場景

鮮紅的磚牆築起我對剝皮寮老街的印象

剝皮寮老街
台北市萬華區康定路 173 巷

交通資訊
搭乘捷運「板南線」（5 號藍線）至《龍山寺站》下車；或搭乘台鐵至《萬華站》下車後，依循指標前進步行約十分鐘，即可到達剝皮寮老街

背景故事

剝皮寮老街位於老松國小校園南側，範圍為萬華的廣州街、康定路及昆明街所圈起之街廓。因需要剝獸皮以製作皮箱、枕、鼓而為名。另外據當地耆老所言，剝皮寮因清朝時期福州商船運進杉木，在此剝去樹皮而得名，各式解讀眾說紛紜。

青草巷－淺嚐一口往日光陰，苦澀回甘

萬華龍山寺一旁，有條短短的小巷子，裡頭隱藏著許多歷史悠久的青草店，各家店比鄰而居。台灣光復後，由於都市規劃關係，許多青草藥店家開始集中到西昌街 224 巷，因而逐漸形成青草藥街。在經台北市政府文化局整修後，形成了現今的「青草巷」面貌。店家門前都堆放著一袋袋的乾燥藥草或一簍簍新鮮青草是這裡的共同景色，除了可以看見許多珍稀的藥草，友善的店家也會熱情地介紹自己的產品，可以藉此認識許多草藥的功效。青草巷裡的青草藥來源多以台灣本地出產的為主，青草巷的店家也大都是擁有百年經驗的家族居多。「青草茶」是到青草巷必朝聖的單品之一，也是許多人台灣人夏天必喝的消暑聖品，採用新鮮藥草熬煮，帶有淡淡的苦味，不吃苦的人可嘗試洛神花茶或菊花茶，一樣可達到消暑的功效。

青草巷內有些苦茶對人體相當不錯，不怕苦的朋友可以嘗鮮

個人很喜歡喝青草巷內的洛神花茶

 萬華青草巷
台北市萬華區西昌街 224 巷

 交通資訊
搭乘捷運「板南線」(5 號藍線) 至《龍山寺站》或搭乘台鐵至《萬華站》下車後，步行即可到達

各種叮嚀：

每逢週一是青草巷「最忙碌」的時候，許多店家會在這天進許多新鮮藥草，因此想買最新鮮的藥草在週一來就對了。而週日則是青草巷的公休日。

交通資訊

從台北搭乘國光客運出發往「金山、萬里」的方向，坐到終點站即可抵達，車程約 40 分鐘左右。搭乘地點從台北車站沿著忠孝東路一路延伸到了市府轉運站，只要有設立站牌的地方都可以上車，班次相當密集。若是從基隆出發，可在基隆車站前轉乘「台灣好行－皇冠北海岸線」或「790 基隆－金山」、「862 基隆－淡水」，約 15 至 30 分鐘一班，班次相當密集

順遊景點

金山老街、金山溫泉、沙珠灣、磺港漁港、跳石海岸

新北市・金山區
燭臺雙嶼

一覽無遺、見證雙石愛情的傳奇味

拾起背包，選擇了靠窗的位置，搭上台灣好行皇冠北海岸線奔馳在北海岸的浪花邊，沿途風景經過了堆疊的山巒，一個拐彎後竟然出現了一片大海，那深秋天空的蔚藍，搭配起來的畫面讓人心情無比開闊。時間來到了下午三點，當我視線還停格在沿途風景時，客運已經抵達了終點站－「金山青年活動中心」。

下了客運，一陣悶熱的風吹過來，還帶了點鹹鹹的味道，這就是磺港的空氣啊！沿著活動中心前的道路前進，過了廟宇牌樓沿途也未見太多的指標，但腦子裡好像就有個藍圖，知道要往哪裡走一般。遠遠的，一座小小的燭臺雙嶼模型低調的指引著「獅頭山公園」的去路，彷彿告訴旅客只要從此進入即可遇見燭臺雙嶼。步道兩旁草木扶疏，在陽光下發出鮮綠。沿途有許多分岔的小路，樓梯不多，坡度相當平緩，走起來並沒有想像中的吃力，很適合老人家健行登山。當步道爬升到最高點，停下腳步喝口水、喘口氣，忽然一片遼闊的美景映入眼簾，從沙珠灣、磺港漁港、連跳石海岸都一覽無遺。

爬上了最高點之後，步道突然開始陡降，距離大海的那端也越來越近了。走走停停大約過了 20 分鐘，終於來到步道的尾端，是一座涼亭，也是眺望燭臺雙嶼的極佳之處。從涼亭看出去是一片純淨未受污染開發的海岸線，清澈得可以，很難想像北台灣還有這樣的一片秘境。燭臺嶼宛如兩根蠟燭插在果凍色的海面上，據說早期燭臺雙嶼是半島末端部份，經海浪拍打侵蝕成洞，後來逐漸擴大形成拱門，但最後拱門頂部塌陷，就成了燭臺雙嶼。在夕陽餘暉下，它孤獨的燃燒了好幾個世紀，持續守護金山的每晚。

背景故事

燭臺雙嶼有一段淒美的故事，故事中是一位痴情婦女每天在岩岸上期盼丈夫返航，卻始終等不到丈夫歸來、也得不到任何音訊，最後她幻化成了雙嶼中的其中一塊巨石。多年後丈夫返回，得知老婆已經變成了巨石，跑到巨石旁對天哭嚎，不久也成了另一化石相伴，因此燭臺雙嶼又稱做「夫妻石」。

涼亭是眺望燭臺雙嶼的最佳位置

磺港漁港為金山主要漁港之一

經過海浪拍打所形成的燭臺嶼

水尾漁港　微風帶來鹹鹹的氣味

既定的金山印象中，頗具盛名的漁港為磺港漁港，磺港漁港在早期社會中扮演著重要的角色，有魚路的起點之稱，但鮮少人知道，獅頭山另一側有著一個與世隔絕的小港口「水尾漁港」。走在漁港內，藍天白雲下的水尾漁港，微風帶來鹹鹹的氣味，遠方的陽明山脈高聳靜謐，員潭溪蜿蜒緩流，少了些喧囂、多了些寧靜，水尾漁港的空氣舒服到連白雲都懶得動了。水尾漁港依偎著獅頭山，面著浩瀚的北海，沒有觀光漁港中熱鬧的人潮，僅有幾戶可愛的住家。在無風的夜晚，水尾漁港內的河面靜如止水，若當天正逢月圓，當月光映入海面時，平靜的水面就像是一面鏡子，波光瀲灩的夢幻畫面讓看過的人都讚嘆不已，因此有了「水尾泛月」的美名，也是金山著名的八景之一。

水尾漁港為金山八景之一，從陽明山吹下來的空氣相當清新

進入港內偶有許多小店家正在忙碌工作，有興趣可以過去與他們聊天，相當熱情

 位址
新北市瑞芳區基山路及豎崎路

 交通資訊
可從台北捷運《忠孝復興站》搭乘基隆客
運 1062「捷運忠孝復興站－國道 1 號－
瑞芳－金瓜石」，或是在《基隆車站》前
搭乘基隆客運「788 路線」前往九份地區

 順遊景點
黃金博物館、水滴洞遺址、黃金瀑布、茶
壺山、大肚美人山

新北市・瑞芳區
九份老街

好久不見、巷弄小吃的滋味

星期六，一如往常的睡醒已經過了中午，拉開房間的落地窗，窗外依然陰天，陰沉的天氣也覆蓋台灣好幾天了。真的好想出門，身體還黏在床上，腦海卻一直浮現九份老街的輪廓。自從大量遊客灌入九份老街之後，就好像再也沒去過九份走走了，於是整理了背包，啟程到九份看夜景去。週末的瑞芳車站人潮湧現，搭上了開往金瓜石的公車，車窗外的風景好讓人懷念，還記得第一次來九份，最期待的就是公車駛過彎道，那一個轉彎瞬間，海景就這樣映入眼前，稍縱即逝的風景總讓人最為期待。

告別公車，人潮如織的九份，那景象不像是接近八點的晚上，空氣中摻雜許多未知的對話，各國語言交談讓我以為身在國外。當時在基隆念書，九份宛如我們的後山，三不五時就會和同學騎著機車上九份，不論是吃個阿柑姨芋圓或是看個美麗的夜景，九份都有種魔力能讓人迷戀不已，是生活上最單純的小確幸。看著熟悉的九份老街入口，走在九份舊道的石板路上，我不斷碎念著：「好久沒來九份了耶！」身旁的朋友顯得有些不耐煩，對我說：「夠了夠了，你這不就來了嗎？」

街角那家民宿餐廳咖啡依然飄香、轉角的草仔粿還是一樣大排長龍、那間糖果小鋪又開發了新的特色產品，來到九份必吃的芋圓味道依舊。九份的輪廓跟我印象中的還是一樣，每一家店都有屬於自己個性的味道。走到了街尾，觀景台上的景致遼闊，眺望九份蜿蜒的街道被燈光染成金黃色，遠方的基隆嶼伴隨著發出點點鑽石光芒的漁船，這是讓最多人讚嘆的基隆北海岸風景。繼續沿著崎嶇狹隘的階梯往下走，越夜越美麗的紅色燈籠高掛著，提升了九份的韻味，更指引著前來九份老街的遊客前進。拐個彎，阿妹茶樓矗立，有人說它像湯婆婆的湯屋，把九份點綴成一座不夜城。這角度就是宮崎駿動畫電影中神隱少女的翻攝地，更是讓九份馳名海外的拍攝取景點。

入夜後的九份印象，帶給人的感動，讓人手中的相機猛按個不停，壓根不想錯過每一刻的風景，我想這就是九份老街能不斷吸引遊客前來朝聖的不敗魅力吧。

我喜歡傍晚時分來九份老街看夕陽

水湳洞聚落－曖昧交融的陰陽海

仲夏，雷雨強勢的將空氣洗刷，傍晚雨雲剛退去，天空的雲彩被夕色染得火紅。天空好清澈，基隆嶼悄悄隱身在雲彩背後，特別低調。夜在七點鐘緩緩上了妝，海上掛了一點點的星光，那漁火連接在漆黑大海，是東北角每一晚最閃爍的珍珠。

我站在山腰的小徑上，水湳洞燃起了金黃燈光，蜿蜒的公路宛如一條巨龍，承載著金黃的滔滔河水與海水在岸邊交融，形成一片奇特的漸層色彩，彷彿一幅水彩畫一樣，層次分明，卻又蘊含曖昧。

 順遊景點
東北角海岸、八斗子漁港、國立海洋科學博物館、
黃金瀑布、黃金博物園區

各種叮嚀：

水湳洞是北部濱海公路中繼的一個小漁村，因緊鄰陰陽海與九份地區，連貫形成了一個小小的觀光景點。從萬瑞快速道路抵瑞濱段到底後右轉，再沿著台 2 線即可抵達陰陽海。但若要到著名的 C 型彎拍攝地點的話，還要再爬一小段坡，途中會經過一小段的「夜總會」。

白天的陰陽海與夜間呈現不一樣的風情

食

 衛味佳柿餅工廠
新竹縣新埔鎮旱坑里 11 鄰 35 號

 交通資訊
工廠附近無法搭乘大眾運輸抵達，建議開
車或從新竹車站前租乘機車前往
沿「縣道 118 號」往新埔，約 12.5K 處的
天主堂右轉「竹 13 線」往《旱坑里》，
接著依照沿途指標即可抵達

 順遊景點
湖口老街、關西老街、北湖車站、新竹世
博台灣館、新竹市立玻璃工藝博物館

新竹縣・新埔鎮
味衛佳柿餅加工廠

一個拐彎、柿香撲鼻的早秋味

重陽節前後的新埔鎮，一個拐彎處柿子香味撲鼻而來，九降風大力的吹，把柿子撞得一片金黃，工寮裡的炊煙升起，宣告著曬柿餅的季節又到了。

新埔以客家人居多，而九降風是新埔鎮特有的季節風，早期先人利用了九降風的特性，與秋天澄澈的日曬，發展出獨有的曬柿餅產業已有百年的歷史。走進了味衛佳柿餅加工廠，炊煙裊裊壟罩了半個園區，木柴香與柿子淡泊的香氣綜合在空氣中。大姊悉心照料竹簍裡的每個柿子，那位置都要隨著時間不斷調整，才能染上不同層次的韻味。陽光照得讓人發汗，但斗笠下的花布擋不住豐收的喜悅，那笑容隨著九降風穿梭在數以萬顆的柿海之中，陽光公平的烙印在每一個柿子之上。脫水後的柿子，呈現無力的乾扁狀，再遵循古法進行乾燥、碳烤、揉壓等重復的製作過程，經過兩週的時間，就能成為送到我們口中的秋天味道。

 位址
台中市和平區雪山路

 交通資訊
自行開車前往，可從「國道 4 號」往東勢
方向下豐原端終點左轉接「台 3 線」往《東
坑街大雪山林道》直走，約 1.5 小時即可
至大雪山國家森林遊樂區

 順遊景點
東勢客家文化園區、寶島燻樟

台中市・和平區
大雪山

各種叮嚀：

拜訪大雪山需從東勢區的東坑路一路上山，車程約耗時
兩個小時，入園需購票，一般成人票價為兩百元（詳細
票價依公告為準）。

上達天池、汲一口新鮮芬多精

隨著道路一路攀升，原本熱帶的闊葉林轉變成寒帶的針葉林，沿途風景相當壯闊，空氣相當透明。時序進入十一月，氣候也轉變得比較涼爽些，這樣秋高氣爽的日子，最適合登山健行了。才剛來到大雪山森林遊樂區的入園購票區停車場，這裡種植的一些楓樹已經開始轉黃，增添了一些秋天的味道。打開車窗，地處高山地區，吸入的每一口空氣都是清新的。

來到了小雪山資訊站，從一旁進入登山口，有些地方刻意保持原始不建造人工步道，可以很踏實地踩在這塊柔軟的土地上。沿途蟲鳴鳥叫不絕於耳的高歌，肆無忌憚的劃破寂靜的空氣，製造了一些熱鬧感。高山的陽光特別透明，蓋了蒼穹一片湛藍，眼前的色彩是很飽和的，影子也顯得特別清晰。我去過台灣這麼多地方，但這卻是我第一次前往大雪山森林遊樂區。沿著平緩的坡道前進，看到了枯朽的巨木環繞一潭翠綠的湖水，這是天池。台灣許多高山都有一些天池，這些池水是由地下水或雨水滯留低窪地區而形成的天然湖泊，大多都是偏綠色系的湖水，若是遇到乾季，天池時而會乾涸或呈現水偏少的景象。在天池旁的瑞雪亭稍作歇息，『瑞色起青巒天朗氣清四面有情資鑑賞，雪山羅碧樹花香鳥語萬方多難此登臨』，瑞雪亭內文字的刻劃，大大描寫出從天池眺望小雪山的景緻與風光，幻想著這片森林偶有雲海或白雪覆蓋，因四季更迭而轉換的動人美景。

離開了天池，我們繼續跟著指標前進，沿途都是美麗高聳的針葉林，走在這樣幽靜的小路上，不時還會有飛鳥和松鼠跳躍枝頭。芬多精悄悄地簇擁著自己，彷彿一口呼吸就能飽了一週的精神。最後，看見了高聳的神木矗立遠方；我喜歡看神木，因為我認為神木是一座森林的精神指標，從樹根到枝頭，呢喃著說這1400年來森林裡的大小故事，斑駁的樹皮上彷彿看見了這座森林的演變，與前人砍伐的曾經。

背景故事

大雪山森林遊樂區海拔高度由最高的小雪山走向西南的鞍馬山、船型山及稍來山，一直延伸至約 1000 公尺的稍來溪溪谷，早年為台灣中部地區重要的林場，森林植生豐富，分暖、溫、寒三種森林帶，夏季更是避暑的聖地。

較為平緩的登山口位於小雪山遊客中心旁

從遊客中心步行至神木區來回約需兩至三小時左右

梨山－難忘高山蔬果的清甜

失去方向也是種方向，旅行的時候試著把腳步放慢，看看身邊蔚藍的風景，就會有不同的心靈收穫。晨光灑落，天空由黑轉靛藍，從後照鏡看出去的山脈綿延如詩如畫，轉個彎，最美的風景烙印眼簾。那煙嵐努力的在陽光照耀前往山間上爬，微濕的空氣飄著淡淡的草香，我享受著美景與自然清新的氣氛，開著車行駛在如詩如畫的風景中。山谷中的清新涼風，吹散了車子從城市中帶來的塵囂，有多久沒有享受一個人的天光了？梨山的天空，透徹得讓人忘記了早起的疲倦，這一刻，捧在手上的咖啡香已不再飄香。

還沒有來過梨山之前，只聽說過這裡有多美，走在宛如明信片般風景的阡陌小徑之上，兩旁寬闊的田野，放眼望去，都是翠綠青山。即便是心裡有太多的不愉快，親身至此，還能有多不愉快呢？忙碌的工人搭著藍色小卡車緩緩駛進了紅磚工寮，打開灑水器，高麗菜在水花中獲得滋養水分，空氣中滿是高麗菜的鮮甜，水霧下的一道彩虹替我們的今天劃下了一抹微笑。

背景故事

梨山地處中央山脈，海拔平均約 2000 公尺，平均氣溫低，盛產水梨、高麗菜，也盛產青蔥。

福壽山－楓紅捎來濃濃的深秋味

如果說春神是水彩畫的專家，那秋神就是油畫的專家了。在台灣，山上或是平地都種植著大量的楓樹，隨著海拔地勢與楓樹品種的差異，往往轉紅的時間都不盡相同。福壽山隱身在中央山脈，每當十一月中旬，高海拔的山區氣溫逐漸下探，楓樹轉紅的時間也比起台灣平地來得早，許多攝影迷跋山涉水而來只為朝聖這個「楓」聖地。

松盧也是福壽山農場內楓樹的聚集地，是許多攝影迷最愛的一個角落。沿著步道走，福壽山農場被秋神蓋去了夏天的鮮明，塗上了滄桑的大地色，許多不堪寒風吹襲的樹種已經落葉滿地，形成了一片落葉地毯，唯有那苟延殘喘的幾片剩葉在樹梢上掛著，替農場增添了點寂寞感。松盧旁的那片楓葉林，逆光下，葉脈正染得火紅。許多不同樹種的楓樹，有些轉紅、有些轉黃，形成了兩種不同顏色的樹海，濃濃的秋意，迷人不已。

菊花香氣滿盈的糖霜山城
（銅鑼杭菊節）

苗栗銅鑼鄉一年會降下兩次雪，一次是桐花
盛開、仰望欣賞的五月雪，另一次則是秋季
滿開的杭菊，鋪陳地上的一片白雪，不僅是
台灣種植杭菊的重鎮，更是全台唯一杭菊產
地。在台灣 368 個鄉鎮中，苗栗縣銅鑼鄉給
人的印象總是淡淡地，不是那樣的深刻。但
每年進入十一月上旬，銅鑼所種植的杭菊紛
紛開花，有黃的、白的、還有粉紅色的，遠
看宛如撒下糖霜，覆蓋在銅鑼的田園之間。
秋季期間，沿著銅鑼交流道往九湖村方向前
進，敞開車窗，菊花香氣滿盈，讓人感受到
山野之間的清新美好。

苗栗縣‧銅鑼鄉
九湖農場

165

菊花在中國、日本、歐洲都有不同的意義存在。春天盛開的春菊，花語為「為愛占卜」，又秋則剛好是別離，于昔高閣、高潔、長壽之意，更與梅、蘭、竹同為「花中四君」，是一種非常高貴的花卉。

銅鑼早期種植杭菊是為了用來製作花茶亦或是入菜，其中又以「杭白菊」產量高居全台第一。隨著銅鑼鄉發展觀光需求，近年把原本杭菊的生產專區開放給民眾參觀，並舉辦了杭菊節及一系列的活動，也會在週末舉辦「花現銅鑼：銅鑼杭菊節」，吸引遊客前來賞菊，進而打開了銅鑼杭菊的名氣，喜歡賞花的人，紛紛慕名前來，成為苗栗十一月非常重要的「花的盛宴」。

 九湖農場（銅鑼杭菊節）
九湖休閒農場 / 苗栗縣銅鑼鄉九湖村 92-3
號（活動期間會於「銅鑼火車站」提供每
半小時一班的免費接駁服務，加開「賞菊
專車」接駁旅客前往會場，請依當年官方
公告為主）

賞花期間
十一月上旬至十二月上旬

 位址
花蓮縣秀林鄉崇德村崇德海灣

 交通資訊
崇德海灣沒有確切的位置，建議抵達崇德
村後詢問當地村民海灣的位址即可

 順遊景點
清水斷崖、崇德車站、七星潭

花蓮縣・秀林鄉
崇德海灣

各種叮嚀：

崇德海灣緊鄰太平洋，海灘為灰黑色的單調色彩，附近暗
流洶湧，不建議戲水。因海域為養殖區，所以沙灘上可以
看見許多正在修補中的漁網，走在沙灘上，美景當前也要
格外當心。

最美麗的海、迎面而來鹹鹹的味道

我喜歡看不同地區的日出，即便前晚再累再晚睡，若是氣象預告隔日是好天氣，就會逼迫著自己一定要早起看日出。看日出雖然要起得早，覺得是件難事，但每每看見眼前的日出風景，就瞬間忘記了起床的疲憊感，雖然看完隨後又倒頭在床上睡了。

清晨五點，車子駛過了象徵蘇花公路中繼點的漢本車站，海平線上的色調由黯藍漸漸翻成魚肚白，再轉到火紅，一抹光束從海平線那端穿透，日光來了。凌晨開著夜車遊走在蜿蜒的蘇花公路上，只為了目擊那太平洋上的一抹日出。繼續拉車前進，來到了崇德車站附近，據說這裡有一片美麗的海灣，但我們始終找不到海灣的入口。

太陽上升，把氣溫也拉升。崇德村的居民在時針、分針的催趕下也醒了，精神抖擻的在村子裡的雜貨店談天，一如往常，新的一天又開始了。

我把車駛進村落內，村民看到陌生的車輛露出略顯好奇的表情。「請問要去海邊的話要怎麼走？」我搖下了車窗問了問。

「這裡看見的路都是通往海邊啊，你說的海邊是哪裡？」這答案讓我頓時有些不知所措，接著說：「去最漂亮的那個海邊！」居民露出了一抹微笑，指了一條路說：「前面那條路過去左邊有個樹叢就是了！」

村民的話讓人相當玩味且讓我帶有些存疑，也或許是這裡的海邊對他們來說已習以為常，沒有什麼美不美麗可言。順著居民的指引，道路來到了盡頭。才剛過了八點，氣溫已經攀升到了讓人汗水直流的地步。下了車，一陣鹹鹹的風吹來。穿過了樹叢，海是海，藍的很藍；山是山、綠的很綠，好像走入上帝的調色盤一般，眼前的風景是如此的鮮豔動人。定置漁網擱置在沙灘邊，好像捕夢網一樣，把浪花的節奏，天空的蔚藍、太平洋的風，不同灰階層次的沙灘都打包了起來。

走在崇德海灣，空氣中聽不到其他吵雜的聲音，不絕於耳的是風的呢喃，心放得很空。

游翁韭菜臭豆腐－韭菜與臭豆腐對上的美好風味

「鳳林的名產是什麼你知道嗎？」當時帶著朋友來到鳳林一起旅行時，這是我問他的第一個問題。他想了想，講的大概都是蔬果類特產。我則笑著說：「是校長。」

鳳林是花東縱谷間的客家聚落、人文匯集之地，有趣的是鳳林擔任校長的人數多達百位之多，是台灣校長密度最高的區域，還特別打造了一座「校長夢工廠」講述著這段趣聞。不過來到花蓮的鳳林旅遊，街上有著許多特色小吃如：三立冰淇淋、茂記麵店、明新冰菓店等等，都是不可錯過的。

而我最懷念、也是我從學生時期吃到現在都還會想吃的，就是這間位於鳳林中正路二段、鳳林國小對面的「游翁韭菜臭豆腐」。臭豆腐是台灣的國民美食，通常吃臭豆腐都是搭配酸甜脆口的泡菜，而游翁臭豆腐利用的是花蓮在地產的韭菜，並且是生切直接豪邁灑上，是台灣其他地區罕見的吃法。雖然是生韭菜，卻沒有韭菜那種可怕的氣味，也是我唯一敢吃的韭菜料理，非常特別且令人難忘。

 游翁韭菜臭豆腐
花蓮縣鳳林鎮中正路二段 20 號
13：30 － 21：30（不定休）

彰化市·鹿港鎮

鹿港老街

位址
彰化縣鹿港鎮中山路 430 號 (鹿港天后宮)

交通資訊
可從高鐵台中站、台鐵彰化車站搭乘「台灣好行－鹿港線」至鹿港老街

順遊景點
王功漁港、漢寶濕地、台灣玻璃館 (玻璃廟)、貝殼廟、彰化扇形車庫、福興乳牛彩繪村

裊裊香火、老街小吃的道地滋味

小時候因住在距離鹿港不遠的雲林麥寮，偶有機會常跟家人一起來鹿港拜拜，對鹿港小鎮並不陌生。長大後，離開鄉下到都市生活，漸漸地也忘記了鹿港的輪廓。多年後，回到了鹿港，天后宮前的街道依舊綠意盎然。廟埕前的香腸攤，花個十元打彈珠，打中了號碼就可以換一條香腸。蚵仔煎小店依然飄香，那肥美的蚵仔在煎盤上滋滋作響，一把白菜撒下去，水蒸氣瞬間竄出。對面阿婆的黑色鍋爐依然滾燙，總沸騰著的熱油炸著數年來海口人常吃的蚵嗲，一口咬下去，韭菜和蚵仔共融的香氣在嘴巴裡四溢，這是只有在鹿港才吃得到的風味。走進前身為鹿港「天妃廟」的天后宮，安奉著第一尊來台灣的湄洲開基媽祖，盤旋在柱子上的灰色巨龍彷彿要爬到鮮豔的橘亮屋瓦上直達青天，將近四百多年的歷史，那華麗的屋頂，依然未變。川流不息的香客，把未來的信念燃成一炷香，加持在爐火之上，未來彷彿化成了裊裊香火，壟罩了天后宮四周。

還記得以前來到鹿港時，我總會賴著家人帶我去附近的老柑仔店買買糖果。如今那家鹿港柑仔店，已經被年輕人接管，搖身變成了童玩與文創商品的小鋪，販售著許多台灣人早期兒時的共同回憶，涼菸糖和可樂造型的橡皮糖依然是我的最愛。鹿港活出的氣息一如往常，鼻息之間，還可以找回小時候遺留在此的記憶。

鹿港擁有豐富的文化歷史資產，隨意走進狹窄小巷一條，青苔攀附在紅磚上活出鮮綠，古色古香的牌樓下一群打著陀螺的小朋友，精湛工藝下重獲新生的廟宇與古蹟，老房子新房子交錯，老房子賣著老味道，新房子寫著新故事，它們如星光般灑落在小鎮各處，承載著鹿港過往輝煌的光芒。

背景故事

一府、二鹿、三艋舺，點出台灣過往最繁華的三個城鎮，這三個城鎮都有著共同的特徵「鄰近港口」。鹿港鎮為彰化縣人口第四多的鄉鎮，因早期中部地區多鹿群聚集，故名「鹿仔港」，後來簡稱為「鹿港」。

鹿港目前有兩間天后宮，各有不同的故事意涵在其中

許多早時的雜貨店已經轉型為小商店，可以發現許多有趣的童玩

麵麵茶茶－用創意延續了記憶中的兒時古早味

還記得小時候最喜歡去的就是雜貨店，貨架上那琳瑯滿目的甜點與餅乾，都是兒時最美好的記憶滋味。隨著時代推進，生活在繁忙的城市裡，許多懷舊的古早味也逐漸消失在記憶中。

說到古早味，走在鹿港小鎮中，仍處處可見賣著麵茶的小攤販。還記得第一次吃到麵茶，甜甜的口感，那味道在記憶中深刻地烙印。傳統麵茶是用麵粉混合豬油、油蔥酥和糖拌炒而成，現在吃到的麵茶則是改良過後的版本，以芝麻和植物油取代豬油，符合現代人追求的健康與養身。

這間麵麵茶茶將懷舊麵茶加以研發，結合現代人喜歡的吃法，發展出各種冰品及飲品，像是麵茶奶蓋、麵茶鮮奶、麵茶泰泰、漂浮麵茶、麵茶冰炫風、麵茶宇治金時等等，讓懷舊的麵茶滋味，用新的方式延續下去。

 麵麵茶茶
彰化縣鹿港鎮中山路 439 號

營業時間
08：00 － 20：00

 位址
彰化縣二水鄉員集路一段八堡圳公園

 交通資訊
可搭乘台鐵至《二水車站》轉乘「集集線」
到《源泉車站》後步行，或是於《二水車站》
前租腳踏車前往

 順遊景點
二水老街、林先生廟、二水台灣獼猴生態
教育館、松柏嶺受天宮

彰化縣・二水鄉
八堡圳

產業更迭、修仁村獨有的菸草味

午後，搭上火車來到了二水車站，在車站前的小鋪租了一台腳踏車。想要體驗一個地區的美，最好的方式就是騎自行車。我沿著八堡圳自行車道前進，聽著那潺潺水聲蜿蜒進入彰化這片農業淨土，聽著它傳唱無數個四季的川流。時序進入秋冬交際，彰化平原上的稻穗又害羞地低頭了，一陣風從八卦山上吹了下來，澄黃一片的水田搖曳著優美的姿態，麻雀還跟著稻草人在玩躲貓貓，唯有那紅蜻蜓，與世無爭的翱翔在藍天上。陶醉在緩慢的時光中，也不知騎了多久，那叮噹叮噹平交道柵欄喚醒了我，一輛集集小火車正緩緩地從眼前駛過。不遠處看見了「源泉車站」，是自行車道的中繼休息站。源泉有比喻事情發生的根源意思，也有水的源頭之意，或許是因為緊鄰三百年歷史的八堡圳，這座車站才以源泉為命名吧。把車停在車站前，緩緩步行幾分鐘，來到了八堡圳取水口，這條是台灣最古老的埤圳，那水滔滔流動在溝圳中，不變。

小路接著延伸進村落，騎樓邊的阿婆和小狗一起打著瞌睡，眼前的光景很像回到了鄉下爺爺奶奶家的感覺，很單純。那數棟菸樓默默地隱身在村落一角，不再飄出陣陣菸草香，近二十餘年來，村民不忍拆除屬於他們過往的記憶，自行維護，讓菸樓持續散發出它獨特的魅力，因此修仁村成了目前彰化縣菸樓最密集的村落。來到二水，我踩踏的每一步、換來的都是一個新的風景，它像是被封存於時光的風景畫，能呼吸到最純淨的空氣，用最緩慢的腳步走入田野與溝圳中，用最親切的方式去感受台灣這塊土地。

背景故事

彰化八堡圳與台北琉公圳、高雄鳳山曹公圳並稱台灣三大水利埤圳；八堡圳這條活泉開鑿已有三百年的歷史，肥沃了整個彰化平原。

秋天稻田豐收之時金黃一片，風景不輸給池
上的伯朗大道

二水跑水節－飲水思源

每年十一月份是一年一度的「二水跑水節」開鑼季，跑水節每年在二水八堡圳取水口舉辦，是彰化二水相當重要的祭祀活動，主要是紀念林先生、施世榜、黃仕卿這三位建立八堡圳的先人，以告後人飲水思源。因活動有趣且富有歷史意義，從 2003 年起彰化縣政府把這項活動納入台灣文化節慶中，並且年年舉辦，隨著網路新聞媒體的轉播報導，二水跑水節也有了知名度，越來越多人前來朝聖這個相當有趣的跑水活動。

各種叮嚀：

沿著活動搭建的入水步道，水深只到腳踝的部分，適合各年齡層下來行走，相當安全。而實際能下圳溝體驗「跑水」的時間每年不固定，詳細資訊依照活動公告為主。

跑水期間全身會被潑溼，記得攜帶換洗衣服，並將電子產品做好防水措施再行帶入。

 位址
彰化縣大城鄉豐美村

 交通資訊
豐美社區無法搭乘公車抵達，建議開車沿
著「台17線」、「台61線」抵達大城鄉
即可找到豐美村

 順遊景點
濁水溪出海口、王功漁港、王功美食街、
福海宮、芳苑普天宮

彰化縣・大城鄉
豐美社區

我在路上、經典的控窯地瓜香

「你在哪裡？我在通往大城的路上。」路口可愛的指標寫著「路上」，讓我和同行的友人打趣著。嘉義有水上、台東有池上，來到彰化大城則是有個趣味的地名叫做「路上」。大城鄉，位於彰化縣西南端鄰近濁水溪畔的小鄉鎮，因為大城鄉並沒有太大的特色及景點，一般人對於這個鄉鎮或許會感到非常陌生。走進大城小鎮裡，沒有太多繁華的景緻進駐，保有相當樸實的風景，大多是自然的田野風光。台灣各地都有一條中正路，當然大城也不例外。豐美社區的入口位於中正路上，三家雜貨店並肩開業，每間卻都有著各自的個性，其中第一家雜貨店最吸引我的目光。賣著早餐、還有好吃炸物與蚵嗲的幽暗空間，看得出歲月的痕跡，外牆透過彩繪彷彿獲得了新生，內外矛盾的新舊空間形成一種視覺上的衝擊。或許沒有都市內的便利商店來得整潔乾淨，但卻是一個村落裡重要的聚集點。

「豐美社區」是由當地年輕人發起，希望把自己從小生長的土地好好整理，讓在地人認同自己家鄉的環境，也讓更多外地遊客來認識大城這座可愛的小地方。循著中正路走，大城的中正路不像大城市中正路的車潮，一路上看不到太多年輕的面孔，而是臉上掛滿紋路的老居民。來到了第二家雜貨店，許多新鮮蔬果陳列在店門口，原來這家雜貨店是當地的菜市場。

太多鄉下的恬靜感隨著風填滿了大城的每個角落，許多四合院、三合院維持得相當完善，頗耐人尋味。一隻大黃牛帶著小牛窩在稻埕裡睡著了，阿公看我們這群城市佬拿出相機拍得新奇，便把牛喚醒跟我們介紹著這對母子的故事。忽然間一陣碎、砰、砰的聲響從遠方傳來，原來是村長伯開著鐵牛車緩緩靠了過來。或許是鄉野裡已鮮少有年輕人逗留，村長伯盛情地邀請我們去他們家喝口茶。海口人的台語談吐之間，那腔調很重，卻充滿濃濃的鄉村人情味。

據說當地居民一開始很反對提供自己家的外牆拿出來彩繪，但在志工的努力下，讓當地的老人家看見了成果，進而認同此項計畫而陸續提供自己家的牆面出來彩繪。一點小小的改變，讓整個社區更加有生命力，也更凝聚了整個社區的感情與文化傳承，把原本充滿沉寂的聚落，寫下一頁新的故事。

豐美社區的每一個角落經過志工精心彩繪，巧妙地與居民的生活融合一起

大城盛產地瓜，可參加一些當地舉辦的控窯體驗

大城有個地名叫做「路上」，相當可愛

原本枯燥的牆面經過彩繪變得生動活潑

背景故事

大城其實是一個小鄉鎮，因為鄰近濁水溪畔與台灣海峽關係，大城鄉一年四季的風勢可說是非常強勁。也因為如此，讓大城鄉的土地相當不適合種植作物，但卻特別適合地瓜生長，因此來到大城鄉深度旅行，一定不要錯過當地的控窯體驗。

 位址
金門縣金沙鎮山后聚落

 交通資訊
搭乘飛機抵達「金門尚義機場」後轉乘公
車抵達《沙美車站》，接續轉乘「31」或
「25」號公車即可抵達

 順遊景點
沙美老街、獅山砲陣地、馬山播音站、西
園鹽場地方文化館、金門歷史民俗博物館

金門縣・金沙鎮
山后民俗文化村

閩式建築、無法忽視的濃濃歷史味

深秋的金門，騎著機車奔馳在環島公路上，一路前往最東邊的金沙鎮。抵達了山后民宿文化村，那斑駁的牌坊下，幾個遊客帶著墨鏡、打起陽傘，吃著傳統的半融化叭噗，喊著好熱，金門養的秋老虎好像隨時都會把人咬傷　般。

庭園內，有藍天白雲作襯底，大樹的綠與老宅紅磚的華麗形成了對比，當真是美的可以。走進筆直的巷弄，沒有摸乳巷來的狹隘，小小階梯爬進聚落之中，有步步高升的意涵。身旁與我擦肩而過的 16 棟對稱工整二進式雙落古厝，那燕尾曲線向上揚起，有如天使，指著藍天，把中國人古代的敬天思想都濃縮在裡頭。每棟建築的馬背、山牆都有些許不同，也悄悄地透露著這間屋主的權貴地位。山后的古厝全部依山面海、分三排橫列，簡單的幾株小盆栽妝點環境，讓人感受到文化村內愜意又雅緻的古人生活習慣。聚落一角隱藏了一間小學堂，是文化村裡頭的展示館，與那一旁靜靜的宗祠，它們被稱為「山后中堡十八間」。金門，是戰地之鄉，穿梭在金門島，大大小小的聚落散佈在這座島嶼上。在結束戰爭後的金門，許多古老的聚落群在古蹟保存意識抬頭下，大多都維持得相當良好，每一個聚落都充滿著一段屬於它們歲月的故事，這些故事隨著老聚落一起完整的留在金門，讓金門每一處角落都充滿著濃濃的復古情懷。閩式建築的一磚一瓦細緻而美麗，值得讓人細細探索。

背景故事

山后聚落主要分為頂堡、中堡及下堡，而山后民俗文化村也稱「金門民俗文化村」，屬於「山后聚落」的中堡。建於清光緒 26 年，約 1900 年，也是金門第一個開放轉型成觀光景點的聚落。

山后民宿文化村早期是需要收費入園，
目前為免費開放

王阿婆炒泡麵－濃縮鮮味的石蚵湯

山后民俗文化村內有間王阿婆小吃店是到山后一遊必吃的店鋪之一，最有名的單品為炒泡麵與石蚵湯。這一碗石蚵湯綜合海菜，豪氣地蓋上滿溢出來的石蚵，是金門當地海岸線上挖取回來的野生石蚵，與我們一般市面上喝的蚵仔湯不太相同，石蚵體型較小，口感較扎實。

 位址
金門縣金沙鎮山后民俗村 64 號

營業時間
08：00-17：00

阿婆特有的炒泡麵及海蚵湯是必吃的單品

山后海珠－充滿雞蛋花香的閩式聚落

在金門國家公園的管理輔導之下，許多聚落的古厝已經漸漸轉型為民宿供旅客過夜體驗，而我住過了兩次「山后海珠」。山后海珠藍天搭配古厝亮眼的外牆，庭院種滿了許多雞蛋花，民宿內外都充斥著淡淡的雞蛋花香。推開掛著古式大鎖的木門進了房間，地板保留古宅的樣貌，房間有張充滿夢幻情調的蚊帳，和古厝的古色古香有一種視覺上的衝突，但還蠻可愛的。受限於古厝的空間容積不大，房間的擺設相當簡單有力，除了沒有冰箱等比較大型的傢俱之外，其他應有盡有。入夜後山后海珠的老闆娘拿出了兩張躺椅，讓我們躺在庭院門口仰望銀河星空，金門西半部的金沙、金湖沒有東半部金寧與金城發展得快速，因此山后地區的光害並不大，入夜後滿天的星空就這樣映入眼簾，不時有流星劃破天際呢！

隔日，一邊吃著早餐的同時我們也與老闆娘聊天，她與我們分享著一些關於金門的趣事，原以為山后海珠老闆娘是金門人，沒想到她來自台北。她說會來金門的原因是因在台北生活久了，步調太快，漸漸開始崇尚鄉下儉樸而緩慢的生活，在機緣之下來到了金門，因此就在這裡久住了下來。問了問老闆娘為什麼民宿會取為山后海珠？她笑著對我說：山后海珠位於金門山后村的山后民宿文化村內，早期旁邊有個私塾 (以前時期的學校) 名為海珠堂，從海珠堂往外望去剛好是朝東，每當天氣晴朗時都可見太陽從海上升起的畫面，宛如「海上明珠」，因此借取海珠堂的名字再結合山后，才得到山后海珠這美麗的名稱。

山后地區入夜後無光害,在廣場上就
可以看見滿天星空

老房入夜後透出不一樣的氛圍,讓人好留戀

維持古早的木門,推門時發出的
聲響讓人很懷念

民宿提供的早餐每一天都不太一
樣,最棒的是可以吃到這金門的
特色粥品

各種叮嚀:

金門是一座蠻大的島,住宿的地點建議從行程景點附近找起,旅遊起來
才不會浪費太多時間在車程上。山后海珠不主動提供毛巾與牙刷等等個
人一次拋棄式衛生用品,建議大家行前自行攜帶,響應環保。

山后海珠民宿(山后民俗文化村內)
金門縣金沙鎮三山里山后 65 號 (山后民俗文化村內)
(082) 355-380,0935001434(闕宏瑩)

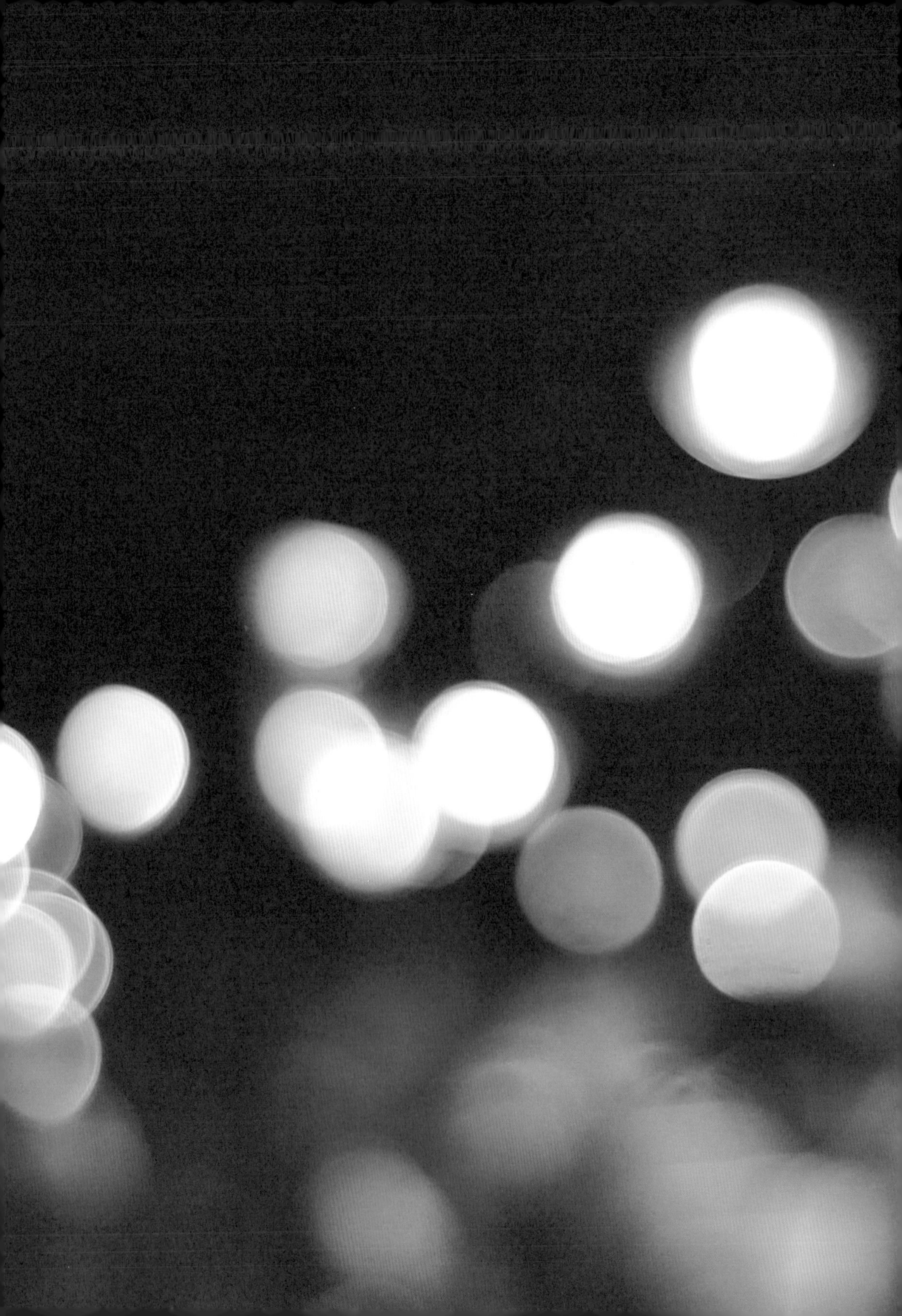

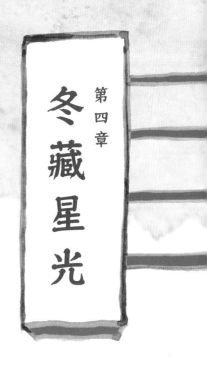

第四章

冬藏星光

12－2月

《流星歲月，大時代的浪漫時空》

書香、靜心靜心，又漰了睡意
硫磺、飄香飄香，慢慢的醞釀
冷月、流星劃破天空，冬風輕柔的擁抱了你我
封存一年美味，靜了時間

 位址
基隆市仁愛區孝一路

 交通資訊
可搭乘台鐵至「基隆車站」步行約五分鐘
即可抵達崁仔頂。另可從台北轉運站搭乘
國光客運、台北市境內搭乘福和客運、首
都客運或宜蘭轉運站搭乘首都客運，至《基
隆海洋廣場站（終點站）》下車步行約五
分鐘即可抵達

 順遊景點
基隆廟口、陽明海洋文化藝術館、海洋廣場、碧砂漁
港、國立海洋科技博物館、中正公園、情人湖、外木
山海岸

各種叮嚀：

欲拍攝記錄的朋友記得先詢問被拍攝的店家或人物，因為
這裡有些店家不接受拍攝。

基隆市・仁愛區
崁仔頂

剝蝦大隊、夜半殘留的淡淡海鮮味

黯夜，街道趨於寧靜，遊走在燈火通明的崁仔頂中，彷彿是一座日夜時光顛倒的區塊，魚販的叫賣聲卻是此起彼落，好不熱鬧。頂著冬夜的寒風走到了白天是漁具店的空地，一群婆婆圍在一起，原來空地在深夜悄悄地換了一個舞台，上演著一段不朽的故事。一個工具、一雙手，我看著婆婆剝蝦的身手敏捷，問道：剝蝦是有秘訣的嗎？婆婆笑著說：「你每天來剝就會越剝越快了，哪有什麼秘訣啦！」婆婆反而問我：「這麼晚了還不回家，你來這裡幹嘛？」我來陪妳們的啊！我笑著說。

市場內難得來了個年輕人與她們聊天，也或許是鮮少有年輕人對她們的工作如此感興趣，難掩開心的情緒，熱情地與我侃侃而談，談起了她們的一段段故事。

不管風雨凍寒，只要入夜，婆婆們就會聚在這塊空地上一起剝蝦，時而聊著家裡兒孫的趣事，時而說著生活上的煩憂，但她們臉上唯一不變的是熱誠的笑容。

短短的一夜，天也漸亮，婆婆起身折了折腰，收起了行囊，跟我道別後準備回家繼續當個阿嬤、當個媽媽。

一隻蝦從海洋捕撈上岸，凍成一塊一塊的紅色冰磚，建造起這群剝蝦殼婆婆的一個家。一隻不起眼的蝦，需要經過多少步驟才能退殼後成為我們桌上的蝦仁，或許我們從沒想過。這看似簡單的工作，卻是婆婆們用靈魂磨了幾十年時間，才換來的一點功夫。

其實，崁仔頂裡的每個人都乘載著一個屬於自己的生活熱情，讓冬夜的基隆暖起來。隨著早晨的天光漸亮，黯夜的喧囂沸騰逐漸冷淡，人潮退去後又恢復了原貌，高潮過後終究曲終人散，僅剩街道的空氣中殘留淡淡的魚味。

 位址
台北市信義區信義路五段 7 號（台北 101）

 交通資訊
搭乘台北捷運「板南線」（藍色 5 號線）
至《市政府站》或「淡水信義線」（紅色 2
號線）至《象山站》、《台北 101/ 世貿站》
即可

 順遊景點
四四南村、象山、五分埔商圈、通化街夜
市、饒河觀光夜市、國父紀念館、松山文
創園區

台北市・信義區
信義計畫區

台北的心臟、繁華中帶有緊張倉促的氣味

錯綜複雜的捷運路線宛如台北的大動脈般，分布在整個城市下流動著，我像分子一般，隨之移動。車廂擁擠的時候，大概也是人與人之間最近的距離。如果說，台北是台灣的首都，那信義區大概就是台北的心臟了。

沿著經過縝密規劃的步道，兩旁楓香樹搖曳，隨著陽光灑落片片紅葉；散步其中，各式不同膚色的人種拿著相機捕捉著美景，彷彿置身在國外一般；即便因美景令人駐足欣賞，有人行道與自行車道分流的設計，「讓」，成了台北人最貼心的禮貌。

掛著計畫區光環的信義區，身邊百貨公司與商業大樓環伺，不論是街道、人行景觀、建築等等，都經過周延的規劃，在春夏秋冬轉換之間，行道樹與人造景觀的搭配會隨著四季而變化，幻化出不同的樣貌，這都增添了信義區的多樣，從早到晚都營造出不同的氣氛，好不熱鬧！

十字路口，小綠人快步地在方框裡倒數，督促人們趕緊穿越黑白相間的馬路，台北人的步調從小地方就看得出來，總是多麼的倉促。我看著路口視野挺好的，便拿出了相機，蹲在最貼近地面的角度拍著台灣最高的大樓－台北101。

「你在拍什麼？」或許是我的動作引起側目，有位女孩問了問我。雖然是說著中文，但口音明顯聽得出來不是台灣人。「我在拍101」我說。「那我也要來拍，教我！」女孩便學著我蹲在地上，拿起了相機學我捕捉眼前的風景。這算另類的豔遇嗎？我心裡正這麼想著時，女孩接著跟我說她是從新加坡一個人飛來台灣自助旅行的。「妳一個人都不會害怕嗎？」我問。「不會啊！台灣人都很善良的！」女孩笑了笑說。後來她就與我走了一小段路，一路上太多談話，直到台北101的入口。

「我逛了一整天腳都痠了，要一起去101吃東西嗎？」

「不了，我還要繼續逛。」拒絕了女孩的邀請。與她告別後，我繼續在信義區的街道上逛著，回想著突然有陌生人加入的旅行還蠻有趣的。台北的夜逐漸擦黑，五光十色的霓虹燈依然把信義區照得如白天一般明亮，越晚越熱鬧的台北夜生活正準備開始，這也成就信義區為許多人流連忘返的去處。看著信義區一棟棟拔地而起的高樓大廈，我們的島，它的面貌正在悄悄改變中。

背景故事

信義區原為松山區的一部份，是台北市的中心點，政商中心、各大百貨公司和台灣的第一高樓「台北101」也位居於此。由於松山區1980年代人口過於飽和，高達45萬人，因此台北市行政區重劃時將松南地區獨立出來，並有「信義計畫區」之稱。

象山－種一片名為城市的森林

玫瑰色的天空、夕陽，台北城入夜了。「喜歡是一種很簡單、很直接的感覺」，我們往往為了一件自己喜歡的事，奮不顧身的也要完成它。在台北，眺望 101 跨年煙火最佳視野的地點莫過於「象山」，跨年期間，這座山可說是兵家必爭之地，若不漏夜上山卡位，很難搶得到一個視野極佳的位置。其實除了跨年以外，來到象山也可以感受到台北的美。每當台北盆地在夕陽的渲染之下呈一片火紅，華燈初上的台北披上夜幕持續發光，台灣最高的大樓台北 101 也悄悄點起絢麗燈光，那種感動，讓心很寧靜。

鄉鎮故事

象山顧名思義因為山型像一隻「大象」而得名，並與鄰近的獅山、虎山、豹山、合稱為四獸山。象山海拔雖然僅有 183 公尺，但因緊鄰台北市區，交通方便，視野極好，已經成為台北市及遊客必去的景點之一。

 交通資訊
搭乘台北捷運「淡水信義線」（紅色 2 號線）至《象山站》出站步行，或轉乘公車至《莊敬路口》下車步行，即可抵達象山登山口

 順遊景點
國父紀念館、信義誠品、松山文創園區、四四南村

各種叮嚀：

象山主要的登山口共有三個，北側的永春高中、南側的松仁路與莊敬路口、西側的松山療養院，均約一小時即可登頂。

梧州街蚵仔伯－一碗齒頰留香 70 年的蚵仔飯

梧州街上的「梧州街蚵仔伯」是一間小小的路邊攤，走過路過會覺得它不起眼，卻是賣著一份份讓不少萬華人日常都會來品嘗的好味道。店家門口以一座堆疊如山的蚵仔山建構起我的初次印象，大量新鮮東石鮮蚵製成的料理有蚵仔飯、蚵仔麵、乾蚵等等。尤其是蚵仔飯，裹粉後　燙的蚵仔直接蓋在米飯上，淋上香氣十足的油蔥酥、蒜泥與酸菜，再依個人喜好，撒上一些胡椒粉或是調味料，簡單卻味美的一道料理讓人齒頰留香，喜歡吃蚵仔大餐的人，在這裡都可以一次滿足。

 梧州街蚵仔伯
台北市萬華區梧州街 48 號

營業時間
11：30 － 20：30

 北投溫泉博物館
台北市北投區中山路 2 號

 交通資訊
搭乘台北捷運「淡水信義線」（紅色 2 號線）
至《北投站》，轉乘「新北投支線」至《新
北投站》下車，依循出口指示即可抵達北
投溫泉園區

 順遊景點
台北市立北投圖書館、凱達格蘭文化館、
北投溫泉博物館、地熱谷、北投溫泉

台北市・北投區
北投溫泉博物館

溫泉、硫磺，翻書香

「藉由旅行適時讓自己的身心靈得到一些舒解，也是一種生活態度。」

從捷運台北車站出發，搭乘著攘往熙來的捷運淡水線，我喜歡觀察著來往的旅人，有人趕著上班、趕著約會，也有人像我一樣輕鬆的揹著相機，要去旅行。其實人生，就像坐捷運一般，每一站都會遇見不一樣的人事物。

等待轉乘支線進站期間，觀察了一下捷運北投站，壯觀交織的鋼骨架構井然有序地排列成遮風避雨的穹頂，那陽光透過帷幕灑落在月台層。在同側月台上，來往的旅客，腳下踩著晴朗，和我的方向一樣，要前往北投尋找冬日的硫磺香。幾分片刻，一輛有著可愛彩繪的捷運列車進站了，繽紛活潑的圖畫讓人心情不由自主的好了起來。

穿過斑馬線，走進了綠意盎然的北投公園，噴水池華麗地灑著熱情，一道彩虹的微笑就這樣高高掛著。場景忽然好熟悉，原來是電影「向左走、向右走」的拍攝地點。公園內沿著步道繼續再往上走，叢林裡出現了一艘巨大方舟，原來是「新北投圖書館」。有著地下一層、地上二層的藏書空間，是臺灣第一座綠建築圖書館，與北投公園共生共存，木造材質的外觀巧妙地與公園的森林融為一體，許多文青人在此沉溺閱讀，書香大大地覆蓋了原本的硫磺香。

紅色磚牆與綠樹藍天形成一幅美麗的畫面，接續搶走了我的目光。西元 1913 年興建的「北投溫泉公共浴場」成了目前的「北投溫泉博物館」，仿日式的建築與帶有歐洲風格的圓柱相輔相成，紅磚外觀是它最大的特色。溫泉博物館鋪設著大片面積的塌塌米，撲鼻而來的是一股純樸的木頭味道。早期浴場內主要是服務男賓為主，圓拱列柱圍起的浴池與兩側牆上的鑲嵌彩色玻璃好像羅馬浴場，將室內提升為極為明亮華麗的泡湯氣氛。但如今熙來攘往的風光不在，只剩旅人悼念這一缸泛黃池水。

即使北投的面貌變了，生活步調卻沒變一般，阿伯們還是悠閒地在樹下走著棋。沿著道路前進，一片硫磺味撲鼻而來，說不上是難聞，反倒覺得像是一種老屋發出的淡淡歷史味，越聞、越有味道。講起北投，它是台北開發最早的區域，而北投二字在平埔族語為巫女之意，傳說早期有巫女居住此地，以巫者之禱，化解此地產硫磺之變化困疑。但對老一輩的人來說，北投溫泉伴隨著他們的繁華起落，而台語歌后江蕙早期也是在北投走唱因而發跡。看著北投的演變史，物換星移，唯一不變的是硫磺味和溫泉區，越冷越熱鬧。

現在的北投捷運站前身是北投車站

噴水廣場為電影向左走向右走的拍攝場景之一

溫泉博物館內保有早期的浴場，環境相當華麗

北投圖書館是綠建築的表率

凱達格蘭文物館前的地磚每一塊都不同，分別代表了許多原住民故事的含意

通往新北投站的新北投支線車廂有別於一般車廂，內部經過包裝與設計，相當有特色

 歡樂耶誕城
新北市板橋區中山路 1 段 161 號

 交通資訊
搭乘台灣高鐵、台鐵、台北捷運「板南線」
（藍色 5 號線）至《板橋站》下車。或搭
乘國道客運、公車至板橋轉運站下車步行
即可抵達活動會場

順遊景點
新月橋、林本源園邸（林家花園）、板橋
435 藝文特區、南雅夜市

各種叮嚀：

新北市歡樂耶誕城每個整點都有一次燈光秀展演，展
期有時長達數月，展場位置遍及新北市府廣場及車站
周邊。

新北市・板橋區
歡樂耶誕城

萬丈光芒、最歐風的聖誕過節味

第一次來到板橋是十六歲那年冬天，那時的新板特區剛起飛，許多大樓與建築一棟棟還裸露著鋼筋骨架，都還不是規劃得那麼完善。事隔數年，一座一座的建築陸續完工，當初那塊空地變成了大廈，板橋的地貌改變竟只在一眼瞬間，它們合稱起來為「新板特區」。新北市市民廣場、板橋車站周邊的面貌已經和我那年冬天看的場景截然不同，徹底換了一個面孔。

隨著氣溫驟降，天氣越來越涼，也越來越有冬天的味道了，遊走在新板特區，新蓋的大樓彷彿是還在長大的孩童，比著誰能先碰到天空的邊緣。一首熟悉的叮叮噹音樂響起，市民廣場上歡笑聲此起彼落，乘載著小朋友歡樂時光的旋轉木馬，在新北市府大樓巨大的懷抱中轉動著，充滿熱情紅的枴杖糖插在覆蓋著靄靄白雪的薑餅小屋院子裡。每當聖誕節將至，廣場前的那棵「竹筍」便搖身成了最亮眼的聖誕樹。樹梢上掛著綻放希望光芒的十字星，歐風瞬間吹進了新北市民廣場裡。數萬個 LED 燈閃著可愛的動畫人物，聖誕老公公與小麋鹿沿著階梯跑跳碰，看誰先爬到樹梢搶到上頭的禮物，小小的幸福就在這美妙的瞬間找了回來。「新北市歡樂耶誕城」一連舉辦了好幾個年頭，是北台灣聖誕氣氛最濃郁的一場大型活動。每年點燃的聖誕樹主燈更是全台灣最高的一棵，搭配各式的燈光秀，以及周邊演唱會、市集、踩街嘉年華等等系列活動，把新板特區炒熱許多。

寬敞的人行道掛滿了五光十色的燈飾，提醒著眾人聖誕節即將來到，那一閃一閃光影之間，好像一年之間的回憶也在閃爍中一點一滴地回味了一遍。人家總說，十二月的聖誕節是一年之中最為溫馨的一個節日，我倒覺得聖誕節是用來感謝自己這一年辛苦生活的一個好節日。

背景故事

板橋人口約 55.7 萬，總面積為 23.14 平方公里，劃分為 126 里、2472 鄰，是新北市首善之區，更是台北市的衛星城市。入夜後的新板特區，熱鬧程度非凡，絕不輸給台北市的信義區。空橋連接了各棟大樓的五光十色，串聯起板橋無限的商機。

板橋車站周邊的廣場
也都是歡樂耶誕城的
一部分

台南市・關廟區

協進製麵廠

協進製麵廠
台南市關廟區東安街 41 號
(06)-5967-650

交通資訊
可搭乘大台南公車：
紅 10 路「關廟—永康火車站—奇美醫院」
於《得玉興書局》下車步行；
藍 13 路「關廟—阿蓮」
於《香洋里》下車步行至協進製麵廠

順遊景點
大潭埤旺萊公園

關廟不是廟、充足吸收陽光的麵麵香

沿著台 86 線開著車，原本是筆直的海岸線，直到城市樓房參差不齊的割開了天際線，天際線又繼續延伸到了青山，即便是深冬，台南依然豔陽高掛、天空湛藍，享受著沐浴在和煦陽光之下，短短幾分鐘，快速公路也連接到終點—關廟了。

「關廟」這地名給我一種很剛強的印象，首先聯想到的是三國演義，猜想著或許跟其中的人物「關公」有關，但其實早期關廟為西拉雅族的住所，並有個很洋化的名稱「小香洋仔」，也就是目前關廟區的香洋里。後期因為來這兒開墾的平埔族奉祀關帝爺，因而闢建了「關帝廟」，廟前新設市街稱為「關帝廟街」，直到光復後，進而演變成關廟這個地名了。還記得小時候打開地理課本，介紹著關廟的特產鳳梨、竹筍、關廟麵組成的三寶，這三樣物品除了關廟麵的意象之外，其餘兩種給人的感覺就如關廟這地名一樣很剛強。

車子駛近了關廟市區，街道兩旁都是販售著關廟麵的店家，空氣中可以聞到淡淡的麵粉香氣。依循著導航前進，轉入了關廟區東安街 41 號的「協進製麵廠」，一大片白淨的關廟麵鋪設在陽光下的場景，震攝了我的目光。才剛下了車，打開車門就先聞到一股濃郁的麵香味，陽光照得讓人發汗，披戴斗笠的員工在「麵海」裡穿梭著，他們看著我們不請自來的參觀，很客氣的前來跟我們打了聲招呼。看著製麵工人們在暖陽下揮灑汗水，悉心照料著每一塊麵球翻面曝曬，用雙手夾擊兩個竹簍一次翻動著關廟麵，彷彿也翻動著半世紀以來的空氣，讓關廟充滿濃濃的麵香。跟著員工的腳步，我們溜進了製麵廠參觀，著花布斗笠的阿婆們正忙著包裝一袋袋的關廟麵，她們手腳俐落的摺疊每一綑麵條，嘴上掛著笑容話家常。因為傳統產業的工作枯燥也乏味，看不見太多的年輕人在此工作。阿婆看見我們的到來，不忘推薦她們自家出產的得意好麵，並笑著說她們是一個看天吃飯的產業。到關廟處處可以看見製麵廠的曬麵景觀，可說是關廟獨有的特色產業。

關廟麵散發出陽光味道的魅力，濃郁的麵香不斷飄散而出，傳統的關廟麵多為純日光自然曬乾，特性是久煮不爛，這小小一團麵，吃下的是關廟的陽光香氣，也呼應著關廟人堅毅、不屈也不饒的性格。

背景故事

關廟麵原名「柳仔麵」，關廟當地人習稱大麵。多以自然光充足曝曬而成，只要天氣晴朗，一年四季都可在關廟看見曬麵的景觀。在關廟隨處可見販賣關廟麵的店家，這也是旅行至此的最佳伴手禮。關廟麵也常在廟宇出現，用來供奉祭拜神明，放在陰涼處可以保存九個月之久，有時被製作為關廟滷麵，也常被當地人做為招待與祭祀之用。

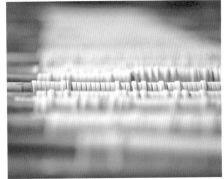

阿蓮福樂食品行－手工饅頭麵包飄香

離開關廟不遠處來到了阿蓮，這家福樂食品行讓我慕名而來了幾次，它是阿蓮地區知名的手工麵包店。每當饅頭、八寶包、桂圓饅頭、南瓜起士、芋頭饅頭出爐時，一陣香氣就壟罩了街道，讓人聞香而來。第一次來到阿蓮福樂食品行，勾起我想吃欲望的是包覆著大量桂圓的「桂圓饅頭」，後來老闆娘特別推薦了南瓜起司給我們品嘗，那香氣十足的南瓜味和起司在口中交融的氣味讓人吃過一次就忘不了，尤其是全程手工製作，吃起來相當有咬勁。若不及早前來購買，很快就被當地居民搶購一空了。

跟我手掌一樣大的養身堅果饅頭竟然只要二十元

新鮮出爐的麵包店每日限定數量，若不早來很快就被搶購一空了

阿蓮福樂食品行
高雄市阿蓮區中山路 27 號
(07) 631-5789

台南市·北門區
井仔腳鹽田

位址
台南市北門區井仔腳

交通資訊
可搭乘大台南公車：
藍 2 路「佳里 — 溪底寮 — 南鯤鯓」
於《井仔腳》下車步行

順遊景點
北門遊客中心、北門出張所、水晶教堂、
錢來也雜貨店、台灣烏腳病醫療紀念館

各種叮嚀：

目前鹽田區僅留作觀光教學之用，鹽田上的積鹽禁止
擅自攜帶外出

一甲子歲月、往日鹽田的滄桑海味

夏日午後，汗水滑落過了臉龐，我騎乘著機車從台南車站出發，沿著台 17 線公路往北前進。柏油路上的熱氣模糊了遠方的視野，眼前公路筆直的可怕，彷彿無止盡的那端，有白雲與熱情的太陽向我招手，並不孤單。

不知鐘錶上的數字跳了多少，終於來到了今天的目的地「井仔腳鹽田」。停妥車，脫下口罩，一股淡淡的鹹味撲鼻而來，不像漁港內的那種鹹臭味，倒像是一種充滿個性帶有滄桑的海味。

這不是我第一次來到井仔腳，但卻對北門感到意外陌生。不知道曾經巧遇的那位鹽工伯伯到哪兒去了，印象中的他，掛著滿面笑容地跟我分享著關於鹽田的故事，他說：井仔腳鹽田專產民生用鹽，早期在殖民時代的日本人很聰明，把甕打破後用碎瓦片改造成瓦盤來製鹽，只為避免粗鹽與土壤相黏，讓鹽結晶在瓦盤上以便採取乾淨的粗鹽。而曬鹽和海水有密切的關係，當海水開始漲潮，鹽工就得趕快引入新鮮的海水，鹽田與農地一樣需要休耕，收過幾次鹽後得停止曬鹽工作，進行整地確認瓦盤縫接處是否密合，修補後再以石碾整平得以繼續曬鹽。

日治時期，因日本人不懂產鹽，都從井仔腳用帆船運去日本。台灣光復後，鹽就由糖廠小火車載去隆田、新營地區販售，而糖廠小火車專門用來運鹽，早期七股也設有火車站，井仔腳的鹽熟成後用牛車載過去車站，一隻牛可乘載約一公噸的鹽，約有 20 包之多。

時光就在不知不覺中流逝掉了，橙月染紅了鹽的故鄉，在金色陽光照射下，堆積成小小白色金字塔的鹽山成了剪影，與鹽田瓦盤上的積水相映，組成無數個菱形。我覷覷這片火紅的天空已久，拿出相機按了幾下快門，清脆的快門聲響貫徹了鹽田的寧靜，不禁感嘆，眼前的風景再美，終究還是會衰退。僅留下這片美麗的雲彩，來填充這失去鹹淡滋味的歲月哀傷。

天色漸暗，科技的發達讓製鹽產業如夕陽般消逝，鹽田的繁景終究回歸了寂靜。我踏著滿地的石子路，走過和鹽工一樣走過的路，臉上的汗水滴落泥土，這滴汗卻比不上過往那些用一甲子歲月耕耘這畝鹽田的工人們辛苦。

背景故事

從前北門從事曬鹽產業的最多有五百四十多人，是台灣製鹽產業最發達的鄉鎮之一，幾乎是全北門人都在從事曬鹽，而井仔腳的瓦盤鹽田是北門的第一座鹽田，也是現存最古老的瓦盤鹽田遺址。

目前在園區內還可以看見鹽工的蹤跡

天氣晴朗時來鹽田看夕陽是個不錯的選擇

 地址
台南市將軍區鯤鯓村

 交通資訊
可搭乘大台南公車：
藍 11 路「佳里 ― 城子內 ― 青鯤鯓」
藍 12 路「佳里 ― 後港 ― 青鯤鯓」
藍 20 路「佳里 ― 台區 ― 馬沙溝遊憩區」
於《青鯤鯓》下車

 順遊景點
馬沙溝濱海遊憩區、將軍漁港、方圓美術
館、香雨書院

台南市・將軍區
青山漁港

漁港專屬、火燒蝦的正港海味

收音機傳遞出來的台語廣播劃破了漁港的寧靜，走在港口邊，木製網子一字排開，好奇的湊過去瞧了一眼，一隻隻曬得紅通通的小蝦米在陽光下沐浴著，那一陣風抱起了蝦米的香氣，是青山漁港獨有的海洋味道。

一位穿著亮麗的阿姨從屋內走了出來，用一口海派的台語跟我們侃侃介紹起這青山漁港獨有的「味道」。的確，剛來到青山漁港，港內的味道就別於一般漁港有的油臭味或魚腥味，倒是充滿這種說不出感受、卻又不是讓人厭惡的「味道」。

與我們交談的是錦雀阿姨，她得意的告訴我們說青山漁港的特產是這種紅紅小小的火燒蝦。錦雀阿姨說，魚可以曬成魚干，魷魚可以做成魷魚干，那蝦子呢？

小屋前的婆婆們以機器人般固定的模式迅速剝著蝦，配上這獨有的工具，精巧的把小蝦漂亮地脫去外殼，剝好的蝦用等距離的方式在鐵網上陳列，再拿去風乾，宛如一幅畫般漂亮。

把食物曬乾用來延長保存期限是先人留下的智慧，而有些食材經過曬乾之後就會有不同風味及面貌。青山漁港最具代表性的就是這種小蝦。這些小蝦是青山漁港的漁民熬夜搭上竹筏出海捕獲後，翌日馬上載回港口卸貨現剝的。但因為現在蝦子產量比較少，有些居民為了求餬口養家，時而會用遠從基隆來的冷凍蝦來補充不足的部分。

錦雀阿姨補充說了一句：「新鮮的蝦會呈現火紅色的，等到風乾或曝曬後會逐漸轉為紅褐色，而且風乾蝦會比太陽曬的還好吃呢！」錦雀阿姨二十六歲從隔壁村莊嫁來青山漁港，看過青山漁港幾年來的改變，也是最了解青山漁港故事的人了。

問了錦雀阿姨最辛苦之處為何，她停頓了一下說：「就是坐久了很痠、手也會痠，但很歡喜做這個工作，可以和很多客人交朋友。」錦雀阿姨用這樣樂觀的態度感染了村子裡的人。

數年來不變的傳統，鑽子、水和盤子，讓剝蝦在青鯤鯓內的居民有了感情上的連結。在漁港裡那說不出的味道並不是由蝦子發出來的，而是台灣人最濃厚的鄉村人情味。

背景故事

早時青山漁港的剝蝦產業非常興盛，全盛時期全村大概有五百人都在做剝蝦這件事情。走入青鯤鯓小漁村內隨處可見家家戶戶在剝蝦，造就了剝蝦村的特殊景象。

青鯤鯓古早味蚵嗲－火燒蝦炸出的酥脆滋味

沿著台61線西濱公路旅行，往南到了彰化之後，你會發現從芳苑王功到嘉義布袋漁港有許多專賣蚵嗲的小販，而來到台南將軍區，位於青鯤鯓漁村馬路旁的這間小店「青鯤鯓古早味蚵嗲」，沒有華麗招牌、店面更是不起眼，卻無論平假日都有相當多人潮慕名而來品嚐蚵嗲與海鮮。

個人最推薦「蝦嗲」，因為是利用青鯤鯓特產「火燒蝦」當佐料，再加入韭菜、高麗菜等等配料，油炸後完成。雖然是油炸料理，但是店家將油瀝得很乾，現炸的外皮相當酥脆，內餡香氣四溢，真的非常好吃，齒頰留香。

 青鯤鯓古早味蚵嗲
台南市將軍區鯤鯓里3之6號

營業時間
11：00 － 18：30

213

 新故鄉見學園區（紙教堂）
南投縣埔里鎮桃米里桃米巷 52-12 號
(049)-2914-922

 交通資訊
在台中火車站對面轉搭南投客運「新埔里
線」至《埔里》
或從台中高鐵站轉搭南投客運的「高鐵快
捷國道 6 號直達車」抵埔里後，再轉計程
車或搭乘豐榮客運「埔里至水里線」於《桃
米站》下車（公車班次較少，建議開車或
租乘機車前往）

 順遊景點
日月潭、草湳濕地、埔里酒廠、虎頭山飛行場、台灣
地理中心碑、中台禪寺

南投縣・埔里鎮
紙教堂

指引未來、破土而出的新生滋味

撼動台灣的九二一大地震造成桃米村的住家當年多為全倒及半倒，受創率高，而這場地震也震出了當地農業沒落及人口外流的問題。但沒有危機哪來的轉機，地震後的桃米村，積極尋求一條重生的機會，在紙教堂進駐後，把希望的光也帶進了桃米村。同樣遭受地震災害的日本，在阪神大地震造成傷害後，日籍建築師「阪茂先生」積極利用他的專長，在倒塌的鷹取教會闢建了一座紙教堂，集結了志工，凝聚了人心。台灣發生同樣的災害後，這座教堂也飄洋過海，帶著重建意義及希望不滅的精神來到了桃米村，沿續它的新使命。

傍晚時分，紙教堂透出暈黃燈光，那倒影在水面上的虛實光影，彷彿茫茫黑夜裡不斷流露出希望，帶給人一種靜心、溫暖的感受；我坐在一幢矗立在河畔邊的木造小木屋裡，蟄伏荷葉下的青蛙悄悄歌唱，蝴蝶和毛毛蟲的裝置藝術作品繽紛彩繪在一旁守候著。還記得女子團體ＳＨＥ有首歌的歌詞寫著「每隻蝴蝶 為了飛 為了翩翩起舞 先做一個繭」；毛毛蟲經過封閉、進而蛻變長出翅膀，變成新生的蝴蝶而展翅高飛。細想，若沒有先封閉自己沉澱、沉思，怎麼能夠孕育出新的力量重新在這花花世界飛舞著未來？每走一次新故鄉見學園區，背後的故事會讓自己的人生更有不同的領悟，願我們都是那隻在人生中展翅高飛的蝴蝶。

背景故事

PaperDome 新故鄉社區見學園區內分為「農之園」、「食之堂」、「市之集」、「藝之地」、「學之房」、「工之坊」，分別以推廣在地農產、推行工藝、藝術與生態結合、自然農法、學習以及自己動手做等主題為六大概念；而紙教堂以共五十八根紙管支撐起整個教堂，室內、外的長管椅也都是用紙製作而成。

虎嘯山莊－灑落一盆燦爛的星光

沿著地理中心碑石旁前進到底，路面時而顛簸殘破，時而平坦好走，穿透了蜿蜒的山路，風景突然一片明朗，天空的白雲被城市街道的燈光染得暈黃，終點抵達了虎嘯山莊。天才剛擦黑，還發著淡淡憂愁的藍，許多情侶已經迫不及待的湧入這美境朝聖。虎嘯山莊前的那塊柔軟草地，白天是許多人夢想起飛的起點，抱持著自由飛翔之夢的人們都來此體驗滑翔翼。

我們生長在台灣這塊海島上，都知道南投是台灣唯一不靠海的縣市，卻很少人知道埔里正是台灣的中心點。來到埔里鎮，矮小可愛的民房整齊地排列在街道兩旁，民房的背景是遠方的青山，郊區翠綠的田地在晴朗陽光下透明清澈。埔里的好山好水讓來過的旅人們都流連忘返，但這塊地靈人傑的盆地之城入夜後又是什麼樣的風貌，則令人好奇。

入夜後，透出暈黃的咖啡廳凝結了時光，一杯咖啡搭配埔里盆地的夜景，坐在虎嘯山莊的山頭上讓風吹走憂愁，盆地好像裝起了一簍螢火蟲，我捧起萬家燈火，閃爍著夢幻，瞬間，孤單也跟著麻痺了。

 虎嘯山莊
南投縣埔里鎮中山路一段 433 巷 100 之 1 號

 交通資訊
從台灣地理中心碑開車出發，過了五分鐘後看見了第一個指標，上頭寫著《飛行場》請直行到底，可見虎嘯山莊。虎嘯山莊入園需酌收入場清潔費 30 元，持有殘障手冊者可免費入園（詳細資訊依現場公告為準）

 順遊景點
草湳濕地（賞螢火蟲）、暨南國際大學、18 度 C 巧克力工房、敲敲木工房、廣興紙寮、牛耳藝術渡假村、埔里酒廠

埔里第三市場－隱藏版的大份量國民熱炒

開車來到第三市場，說夜市也不像夜市，但有很多美食林立，尤其是市場附近一字排開的快炒店，大火與熱鍋之間的翻滾，許多香氣就這樣瞬間溢出來了。第三市場是埔里鎮的夜間覓食聖地，也是許多當地鎮民聚餐的必選之地，每一家快炒店高朋滿座，而我們則是透過民宿老闆的熱心推薦，來到了這家「阿平快炒店」。

阿平快炒是一家無菜單的客製化小吃攤，餐車上擺放著各式海產與山產，卻都未標示價格，老闆說先看自己想吃什麼，選擇了之後就會在菜單上告訴我們價錢。印象中的快炒店大多都是百元一盤，那些無價格標示的通常都蠻貴的，於是我們先隨機點了五菜一湯加炒飯、炒麵各一盤。原本很擔心價格會超出我們的預算，沒想到價格出乎意料的便宜。來到埔里想尋覓大份量又划算的店家，不妨來到第三市場尋寶看看，會有出乎意料的收穫。

 第三市場
南投縣埔里鎮南盛街

微笑 58 民宿－貓咪當家，原木香氣無限療癒

雪白色的建築外觀，整片綠意盎然的院了， 個可愛的小拱門，這是微笑 58 最可愛的曲線。才剛停好車，微笑 58 可愛的家貓就跑出來迎接我們。微笑 58 是一間對貓咪相當友善的民宿，民宿內養著數隻不同品種的可愛貓咪，有些則是撿回來的流浪貓。民宿內有幾隻貓咪對人相當親近，而有幾隻很有個性不太理人。民宿一天分為早晚兩次餵食，牠們總是很準時地會在吃飯的時候出現，這時候就可以看到全部的貓咪囉。逗弄貓咪一陣子，踏進了房間，一陣木頭原味的香氣就撲鼻而來，民宿主人拉拉笑著說這裡的家具全都是原木訂製的，所以才會散發出最自然的香氣。來到微笑 58，每一個角落都充滿著溫馨的氣息，處處充滿了淳樸鄉村風味，尤其是貓咪帶給人的療癒感，喜歡貓的朋友千萬別錯過了。

 微笑 5 8 民宿
南投縣埔里鎮水頭里 5 鄰興隆巷 58 號
0963-131-903（拉拉）

各種叮嚀：

微笑 58 為了保護入住房客的安全而有出入時間管制，大門關閉的時間是在晚上 11 點（不是強制），若是有特殊需求或是需要外出買東西的朋友，可以提前告知管家。

口福小吃部－飄香半世紀的爌肉味

口福小吃部位於名間車水馬龍的彰南路（台3線省道）旁，這條貫穿南投的主要幹道是許多從名間交流道下來往南投前進的遊客必經之路。而許多人匆匆走過這條路，卻忽略了這條路旁有家經營了三十幾年的老店「口福小吃部」。口福小吃部在新街地區開業已邁入四十幾個年頭，頗具盛名，目前已經傳承到了第二代。小吃部改裝前的店面雖然看起來傳統，但卻是當地居民特愛的一家店，中午時分，外帶用餐的人潮開始湧入店裡，廚房瞬間忙不過來。除了好吃的快炒料理之外，也提供像是炒飯、炒麵等基本單品提供給單純想填飽肚子的客人點用。說真的，會知道口福小吃部的淵源說起來奇妙，有一回和朋友來南投旅行，他帶我去口福小吃部用餐，進而愛上了他們家的料理。其中招牌的「筍干爌肉」最深得我心，雖然爌肉上有層肥肉，但卻不會有肥而油膩的噁心感，連同行的友人也被擄獲了，紛紛對於這道料理讚譽有加。

 口福小吃部
南投縣名間鄉彰南路 402 之 1 號
(04)9222-9958

營業時間
10:30 ～ 14:30、16:00 ～ 19:30（每週三公休）

 位址
雲林縣西螺鎮延平路 180 號

 交通資訊
可從高雄、台北搭乘「國光客運」到《西螺站》，
步行或搭計程車即可抵達

或是從台中火車站前搭乘「臺西客運」往西螺方
向，步行或搭計程車即可抵達

也可以在嘉義火車站前搭乘「員林客運」6880 公
車，步行或搭計程車即可抵達

從斗六火車站搭乘日統客運往《西螺轉運站》後，
步行或搭計程車即可抵達

 順遊景點
西螺大橋、延平老街、延平老街文化館、丸莊醬油觀
光工廠

雲林縣・西螺鎮
福興宮跨年

炮聲隆隆、迎接傳統習俗的年味

炮炸年獸，揚起一陣煙霧後，火光令人緊張又澎湃，除夕夜的西螺很不一樣。

雲林縣與其他縣市舉辦大型跨年晚會的盛況不同，因為在地人主要跨的是傳統的除夕年。許多在台灣各地工作的遊子們都會趕在過年前夕紛紛趕回家鄉，身為雲林人，傳統的守歲圍爐習俗倒是沒有因為時間的流逝而改變，反而是更喜歡這種聚在一起的時刻了。隨著夜深，很多雲林人都會湧入離自己最近的廟宇，如西螺福興宮、北港朝天宮、台西五條港安西府、四湖海清宮參加晚會，這些都是支撐著雲林人成長的廟宇，而最為特別的就屬西螺的福興宮了。每年除夕夜至元宵，福興宮一連十五天都會舉辦系列的春節慶典，讓原本熱鬧的延平老街趨於冷清，因為人潮全湧進西螺福興宮去了。

跟著掛滿街道的紅燈籠前進，抵達了西螺人的信仰中心「福興宮」。晚會的重頭戲落在十點左右，主辦單位開始發放氣球，一個口令落下後，千顆繽紛的氣球共同往天際上飄揚而去，象徵祈福一年平安，那畫面實在讓人感動。接著人潮再次聚集，把廟埕廣場擠得水洩不通，人手拿著長竹筒，竹筒內塞著沾有汽油的棉紙，以傳遞聖火的方式點燃了火光，百人持火把在西螺街道上遊行，共同把幽暗的角落照得明亮，象徵驅趕年獸、迎接新年的到來。時間越晚，廣場前的氣氛越加沸騰，在跨年煙火施放完畢後，接近午夜的十二點鐘聲響起，廟門開啟湧入大量的人潮，搶著插下新年第一柱頭香。

小鄉小鎮裡一座廟宇凝結了人心，這些廟宇滿載了居民一年的思念與未來的憧憬，不管是家庭、土地、環境都好，屬於雲林人的回憶是不會隨著時光的更迭而遺忘。

萬人舉火把、走西螺

223

開廟門時刻大家都搶著進入搶頭香，現場很熱鬧

西螺東市場－經得起考驗的碗粿好滋味

因為老家住雲林的關係，時常回到雲林總不忘到西螺延平老街逛逛。現時的延平老街已經和小時候印象中的面貌不太相同了，近年文創吹進了西螺，把原本舊有的西螺東市場注入了新的生命。穿過了東市場的走廊，市場散發出的老氣息還在，原有建築空間內販售著許多以西螺為主軸的文創小物，形成獨立的創意小市集，新文化與舊建築的巧妙融合下，讓東市場有了不一樣的生命契機。每每拜訪東市場，我最喜歡的就是隱藏在一角的那家碗粿店，店內其實不大，卻賣著充滿回憶的滋味。肉燥味搭配入口即化的碗粿，時而搭配一碗貢丸湯與麵線，簡單就飽足一餐，這是我從小吃到大的美食記憶。

西螺東市場若走馬看花大概不到 5 分鐘就可以逛完整個園區，再搭配周邊的延平老街、西螺大橋及福興宮，西螺營造出來的緩慢時光足以讓人流連一個下午。

延平市場目前進駐許多文創小店

市場內的無名碗粿店是我每回來必吃的單品

 西螺東市場
雲林縣西螺鎮延平路 47 號

營業時間
店家無特定營業時間

 位址
雲林縣口湖鄉水井路

 交通資訊
沿省道「台 17 線」及「台 61 線」下《口湖交
流道》即可抵達水井村

順遊景點
水井村、台子村漁港

雲林縣・口湖鄉
水井村

冬至的恩惠、現取新鮮的烏魚子

冬至前後風呼呼的吹，越過了台灣海峽，滾滾黃沙跟著風 起去旅行。即便是冬天，雲林的氣候還是溫潤，太陽還是高高掛在藍天上微笑著。風攀過了海岸邊的防風林，吹進了口湖，也把冬天的第一把黃金沙吹進了這個貧瘠的小村落。

沿著西濱公路來到了水井村，這個聚落和一般鄉野間的村莊沒什麼兩樣，但它卻是台灣最貧窮的地帶。紅綠燈路口，成群的居民聚集在一旁，好奇心驅使之下，我也加入了他們圍觀的行列。一台漏著水的藍色卡車緩緩駛入紅藍白相間的遮雨棚內，車斗上的阿伯熟練的用台語喊著：「緊閃喔！」隨著車斗緩緩上升，藍色卡車內漏出的水也濕了一地，接著冰塊嘩啦傾瀉而下，一尾尾烏魚如潑墨般灑落，激起的冰霧壟罩現場，一陣令人震撼的光景在眼前發生，讓從城市來的我瞠目結舌。村民宛如受過訓練般一字排開，各司其職的拿起了手上的工具。宛如小型聚會一般，大家帶著笑容，在歡樂的談天氣氛下有的人幫忙取魚卵，有的取魚胗。

「大哥，請問你們在做什麼？」我問。大哥用一口海口腔的台語對我說：「阮咧摘取烏魚子啦，這是阮口湖一年之中最熱鬧的時陣！」新鮮的烏魚剖開後所露出的是鵝黃色魚卵，取卵之後剩下俗稱「烏魚殼」的烏魚將依大小裝籃分類，由小卡車直送到台灣各地的魚市場販售，烏魚子則被送到加工廠去處理成伴手禮盒等產品。

大哥與大姊們雖然手邊忙著摘烏魚子的工作，但口裡卻一直不斷與我們分享口湖的冬日盛事。或許是少有年輕人回流到這個已經高齡化的村落，也或許這就是海口人最樂天、活潑的人情味。

冬天是烏魚盛產的季節，水井村內不分男女老少，只要有空的人都會幫忙出來捕撈烏魚、摘烏魚子和取魚胗，充份的分工合作。雲林討海人不畏風寒、熱情知足的工作態度，摘烏魚子的有趣場景也變成雲林口湖地區的冬日即景。

背景故事

口湖鄉位於台灣雲林縣西南沿海，西濱台灣海峽，也是全國烏魚產量最豐富的地區，供應量約佔全國六成，每年前後寒流帶來肥美的烏魚，是口湖最熱鬧的時刻。

雲林沿海地區養殖的烏魚，大多採人工飼養，有的以定置網方式放養在海中、有的則以魚塭引進海水養殖，若每隻烏魚都必須達到有魚卵可取，必須飼養三年以上。

成龍溼地─人去樓空、蕭瑟的味道

沿著台 61 線西濱快速道路行駛,蜿蜒的海岸邊,白色風車轉動著風的誓言,成群飛鳥振翅翱翔,螃蟹輕柔的走在溼地之上。沒有太多開發與群樓,風景蕭瑟,遠方那棟褪了色的紅磚瓦房舍,靠著已斑駁的電線杆牽引,它彷彿還抱著一絲希望,即便人去樓空,還是得在潮起潮落的海水之中浸泡著。

海水蒼蒼,天空茫茫,早期口湖是潟湖與濕地交錯的地區,成龍溼地原是一塊農田,因地層下陷,在颱風侵襲後引發海水倒灌,大片的農地完全淹沒,那些風景就再也回不去了。許多土地公廟及墳墓來不及遷移,也都浸泡在海水裡,海水倒灌之下,卻也漸漸意外孕育出當今的「成龍溼地」。因為沒有太多的人造及破壞,濕地的生態資源相當豐富,成了水鳥及潮間帶生物絕佳棲息地,常可觀察到黑面琵鷺、綠頭等鳥類的蹤影;終究還是還給大海那些本就不屬於我們的土地。

陰錯陽差之際,原本的桑田變成了蒼海,濕地孕育潮間帶

許多來不及遷移的電線杆就這樣泡在茫茫大海之中

成龍集會所－小村換新裝，富含藝術氣息

鄰近成龍溼地的成龍村，近年來在漁村改造的計畫下，把原本寂寥平淡的小漁村也成了雲林縣最具特色的藝術村。許多原本破舊的房舍結合了蚵殼、拼磚、貝殼、石頭，打造出台灣西部沿海的意象，溼地的水面上多了一塊藝術魚寮，安隆宮前廣場乏味的街道，也彩繪得繽紛活潑。對面更成立了一間讓當地居民及遊客能參觀的「成龍集會所」，這些活潑的元素讓原本枯燥的小漁村燃起了生機，提供更多人有機會一探這個被遺忘的角落。

室內由大量的馬賽克拼貼而成，相當繽紛可愛

成龍集會所現在是當地小朋友的圖書館及居民聚會的中心

村落內隨處可見大型彩繪牆

溼地上有許多常設展，放置很多藝術家創作的裝置藝術作品

 口湖遊客中心
雲林縣口湖鄉梧南村光明路 163 號

 交通資訊
最佳路線建議開車行駛「台 61 線西濱快速道路」銜
接「台 17 線」經宜梧至成龍村

大地孕育出冬日最陽光的甘甜

清晨六點，才剛進入村子裡，阿公與阿嬤們已經
蓄勢待發，搭上了充滿歷史痕跡的菜車，砰砰地
發動了引擎前往田裡。這台老車看起來破舊，力
道卻是相當充足，就像是他們的幹勁，不受年紀
影響，依然十足。我站在菜車的後置物區跟著他
們前進，隨風撲鼻而來的是晨間的土壤香氣，也
是我記憶中的雲林香氣。

麥當勞、摩斯漢堡甚至早餐店裡的漢堡都配有一
片美生菜，近年甚至連便利商店都販售起生菜沙
拉組合，台灣人的飲食習慣轉變，強調吃得健康
又養生，於是近年來生菜在市面上的需求逐年升
高。或許很多人都不知道這些生菜的產地到底為
何處？其實台灣美生菜大多都是來自於雲林縣的
麥寮鄉，這座平凡不過的「興華村」。

雲林縣・麥寮鄉
台灣生菜村

 台灣生菜村
雲林縣麥寮鄉興華村架仔頭 15 鄰
3-3 號

營業時間
11：00 — 18：30

「興華村」有著全台灣栽種面積最大的美生菜田，並冠有「台灣生菜村」的美名。還沒到田裡，遠遠地就已經看見田埂上有好幾位先來報到的農人，他們穿著亮麗花布，在田埂與田埂之間先放著一籃籃塑膠籃「佈局」。

我好奇的問了其中一位阿嬤是幾點開始在這邊工作的。

「今天早上三點就來採菜了！」阿嬤笑著說。

「早上三點？天不是還黑的嗎？」

「那時候天氣比較涼，不然現在雖然都立冬了天氣還這麼熱，早上再出門來採會熱死。」阿嬤接著說。

「那你們都採到幾點？」

「等等十一點就要回去休息了，下午要繼續去隔壁田裡種菜苗。」

「這些菜會送到哪裡？」

「當然是『台灣生菜村』的總部！」

「『台灣生菜村』的總部？」

農民會隨著自己的喜好，選擇種植不同品種的萵苣，如皺葉萵苣、羅曼萵苣等等。接著再將生菜採收後送進到工廠，接續由工廠做後續處理、包裝、銷售，而這間工廠正是帶動整個興華村的「台灣生菜村」。台灣生菜村透過中央管理，統一供應菜苗給農民，並且在萵苣的生長過程中，從病蟲害防治、施肥、材料，都是由生菜村的管理中心派專員處理，才能種出這一顆顆好吃又新鮮的萵苣。

但並不是每個人都可以加入台灣生菜村的行列。首先，田地要先經過土壤的篩檢，過關後還得通過層層規定考驗，待完全符合規格標準後才可以加入台灣生菜村。

其實，並不是每個地區的地理環境都適合種植萵苣。麥寮土質屬於排水極快的沙質壤土，再加上海風強勁，剛好就是那萬中選一、適合萵苣生長的環境。阿嬤說，每年萵苣的採收期她總是忙到不可開交，不知曾幾何時，她也開始期待冬天了。

萵苣的採收季剛好接近過年前後，多忙一些，多賺點錢也好過年。萵苣對農民們來說，可是一筆年終獎金。萵苣雖然是短期作物，但卻與當地的農民緊密結合，用大地孕育出雲林冬日最陽光的農民笑顏。

 愛河旅遊服務中心
高雄市河東路與民生二路交叉口鰲燈一樓

 交通資訊
搭乘高雄捷運橘線「大寮－西子灣」至《鹽埕站》或《市議會站》，依循出站步行即可抵達

 順遊景點
城市光廊、中央公園、美麗島光之穹頂、天主教玫瑰聖母堂、光榮碼頭、真愛碼頭

高雄市・前金區
愛河河畔

惡臭不再、曖昧從空氣中傳開

冬天的高雄難得卜雨，不願浪費旅行中的每一刻時光，晚餐後，趁著雨勢漸歇來到愛河畔散步，雨水洗刷後的高雄空氣格外澄澈，視野也格外明亮。一對情侶撐著傘緩緩的走在河岸邊，時間醞釀出的曖昧火花在傘下自成一個星空，風吹得再冷，心依然是暖的。城市的星光映照在廊道小水漥上，那雨後的夜空，流雲宛如愛河流水一般，流動得特別快，好像曖昧止在時空中奔騰著一般。

愛河早期的功能是運河，當時高雄觀光發展得不比現在好，但愛河本就是高雄人休憩的場所，只是沒有像現在這麼漂亮。在河畔早期設有一家「愛河遊船所」，某次颱風過後招牌損壞只留下「愛河」二字，不久後又發生情侶跳河殉情的事件，當時採訪的記者以「愛河殉情」作報導標題，將當時招牌上殘存的愛河二字拍入，經媒體傳播後，讓愛河這個名稱開始植入台灣人心中。這條以愛為名的河川，從上游的愛河之心一直延續到真愛碼頭，把愛實質貫徹了大高雄，牽動著這座城市人回憶裡的瘋狂。早期高雄市著重工業發展，當時的污水下水道尚未發展得很完善，導致愛河成為一條嚴重污染的河川。近年來，高雄的改變我們有目共睹，它慢慢的脫去沉重的工業斗篷，積極的穿上了觀光新外衣，而這一條原本髒亂不堪的臭水溝，也悄悄蛻變，搖身成為高雄必去的亮點之一。看看昨日跟今日相比，我相信只有高雄當地人才能體會到愛河那「味道的改變」。

每年元宵節所舉辦的高雄燈會藝術節，都會施放期間限定的愛河煙火

 哨船頭公園
高雄市鼓山區的哨船街與安船街交叉路口

 交通資訊
搭乘高雄捷運橘線「大寮－西子灣」至《西
子灣站》，從 1 號出口往渡輪站方向步行
即可抵達

 順遊景點
西子灣、打狗鐵道文化園區、駁二特區、
香蕉碼頭、英國領事館

高雄市・鼓山區
哈瑪星

大船入港、海浪拍打後的海蝕鐵鏽味

高雄的陽光總是這樣充滿活力，晴朗的午後，我搭上高雄捷運抵達了西子灣站，找尋記憶中的哈瑪星。走著、走著，看到了水岸線，亮橘屋頂的渡輪站在藍天下格外顯眼，一艘渡輪緩緩地靠岸進站，噴濺起陣陣水花，卸下了滿滿的遊客及機車，劃破了港邊原有的寧靜；這條旗津鼓山的交通動脈，連結著兩岸的情感與記憶。沿著水岸邊的白色欄杆前進，穿過了鼓山漁港之上的人行穿越橋，陽光與風並肩而行，映照在地面上的斑駁光影，它框住風景裡的風景。

寂寥的漁船幾艘靠岸在鼓山漁港內，更多的是華麗的快艇與小船進駐於此，那年老伯在港口邊曬著虱目魚乾的畫面猶存，那海味十足的氣味已然不在。這曾是台灣魅力之一的港口，隨著漁業重心轉移，悄悄地變成了觀光漁港。對岸，那哨船頭與熱鬧的渡船頭彼岸相望，好像來往交會的繁忙交通渡輪與它無關一般，悄悄地、靜靜地。

哨船頭與對岸旗后山並肩相守，守著高雄這座港都的繁忙大門，盼著一艘艘從各國滿載回來的貨輪進港，望著一趟趟來回巡守港口的大砲軍艦。因為世紀不同，哨船頭從沒落漁村變成了蔚藍的海港公園，停滿了遊艇。早年高雄為了推展「海洋首都」概念，想提升哈瑪星地區的文化水平、並帶動素有東方夏威夷之稱的西子灣風景區，因此打造了哨船頭景觀公園，但由於缺乏宣傳與規劃，哨船頭公園的風華也逐漸沒落。

岸邊等待著魚兒上勾的阿伯，這個小角落是他數十年佔有的寧靜空間，從眼神裡透露著他喜愛這種與世無爭的快樂，自由消費著時間。看著亞洲新灣區的雛型逐漸在遠方成形，高雄的未來會颳起什麼樣的風，讓人期待。

背景故事

哨船町（Seusen chyo）為哨船頭的舊名，早期原本是座漁村，為當時移民所填的海埔地。「哨船」意指為巡邏船，是高雄港最早期發跡的海港。

天空雲台—舊鐵橋新風貌，歡樂延續

沿著軌道走，經過了打狗故事館，風箏把天空點綴得好熱鬧，好像把夢想往天上載去了一般。西子灣的風吹著愜意，駁二特區的風吹著創意；遺留下來的軌道，上頭斑駁的鏽蝕說著過去高雄港車站的風華與歷史，那些走道渣的日子也已長滿了小草。遠方那座原本聯繫鼓山、鹽埕的公園陸橋，在臨海新路平面道路闢建完成後功臣身退，改建為「天空雲台」，車水馬龍的景象不再，變成了一座載滿歡樂的大船。

哈瑪星園區的綠色廊帶宛如一條蜿蜒大河，紅色的鐵橋揚起白色風帆，變成一艘大船，永久停駐在高雄港。白天，夢想雲朵高掛天空，晚上燈光微醺的浪漫讓人與人之間的距離更近了些。高雄於追求進步的同時，也保留下了原本的城市記憶，讓老橋如同舊鐵道一般，繼承原有的軌跡另存新檔，成了新的歡笑途徑，許多歡樂記憶在此繼續寫入。

 交通資訊
搭乘高雄捷運橘線「大寮—西子灣」至《西子灣站》，
2 號出口出站後步行即可抵達

順遊景點
駁二特區、旗津渡輪站、英國領事館、壽山動物園、
天主教玫瑰聖母堂

高雄婆婆冰－百年鮮甜好滋味

來到炎熱的高雄，除了吃旗津區熱門的海之冰之外，居住在高雄的朋友也跟我力推這家位於鹽埕區、開業近百年的冰店「高雄婆婆冰」。

才剛停好車，就發現高雄婆婆冰店內已經擠滿了欲吃上一盤水果冰消暑的遊客。我們點了一盤芒果冰及水果冰，大份量的芒果與水果鋪設在原本雪白的冰上，點綴得五彩繽紛，光用看的就足以讓人口水直流。口味是相當傳統的風格，但因為分量多、水果也新鮮，相當受到遊客青睞，許多高雄人一定也都吃過這家冰店。當然，高雄婆婆冰除了好吃的冰品之外，也有販售水果切盤、蜜餞、果醬等周邊商品。

 高雄婆婆冰
高雄市鹽埕區七賢三路 135 號
(07) 561-6567

營業時間
09:00 ～ 00:00

2AF212X

台灣的100種鄉鎮味道

四季秘景 × 小村風光 × 當令好食

釀成最動人的在地真情味　暢銷修訂版

作　　　　者	許傑
責 任 編 輯	溫淑閔
主　　　編	溫淑閔
版 面 構 成	江麗姿
封 面 設 計	任宥騰

行 銷 企 劃　辛政遠、楊惠潔
總　編　輯　姚蜀芸
副　社　長　黃錫鉉

總　經　理　吳濱伶
發　行　人　何飛鵬
出　　　版　創意市集

發　　　行　城邦文化事業股份有限公司
　　　　　　歡迎光臨城邦讀書花園
　　　　　　網址：www.cite.com.tw

香港發行所　城邦（香港）出版集團有限公司
　　　　　　香港灣仔駱克道 193 號東超商業中心 1 樓
　　　　　　電話：(852) 25086231
　　　　　　傳真：(852) 25789337
　　　　　　E-mail：hkcite@biznetvigator.com

馬新發行所　城邦 (馬新) 出版集團
　　　　　　Cite (M) Sdn Bhd
　　　　　　41, Jalan Radin Anum, Bandar Baru Sri
　　　　　　Petaling,
　　　　　　57000 Kuala Lumpur, Malaysia.
　　　　　　電話：(603) 90578822
　　　　　　傳真：(603) 90576622
　　　　　　E-mail：cite@cite.com.my

印　　　刷　凱林彩印股份有限公司
　　　　　　2023 年（民 112）11 月 3 刷
　　　　　　Printed in Taiwan

定　　　價　360 元

客戶服務中心

地址：10483 台北市中山區民生東路二段 141 號 B1

服務電話：（02）2500-7718、（02）2500-7719

服務時間：周一至周五 9：30 ～ 18：00

24 小時傳真專線：（02）2500-1990 ～ 3

E-mail：service@readingclub.com.tw

※ 詢問書籍問題前，請註明您所購買的書名及書
號，以及在哪一頁有問題，以便我們能加快處理速
度為您服務。

※ 我們的回答範圍，恕僅限書籍本身問題及內容撰
寫不清楚的地方，關於軟體、硬體本身的問題及衍
生的操作狀況，請向原廠商洽詢處理。

※ 廠商合作、作者投稿、讀者意見回饋，請至：
FB 粉絲團．http://www.facebook.com/InnoFair
Email 信箱．ifbook@hmg.com.tw

國家圖書館出版品預行編目資料

台灣的 100 種鄉鎮味道：四季秘景 X 小村風光 X 當
令好食，釀成最動人的在地真情味【暢銷修訂版】/
許傑著．- 初版．-- 臺北市：創意市集出版：城邦文
化事業股份有限公司發行，民 110.06
面；　公分

ISBN 978-986-5534-61-5(平裝)

1. 餐飲業 2. 小吃 3. 臺灣遊記

483.8
110004771